U0309828

省出来的千万富豪

"小金库"是设计出来的

李 昊◎著

省钱是一种生活态度，更是一门生活哲学

台海出版社

图书在版编目(CIP)数据

省出来的千万富豪 / 李昊著. --北京:台海
出版社,2013.7

ISBN 978-7-5168-0163-5

Ⅰ.①省… Ⅱ.①李… Ⅲ.①财务管理-通俗读物
Ⅳ.①TS976.15-49

中国版本图书馆 CIP 数据核字(2013)第 117359号

省出来的千万富豪

著　　者:李　昊

责任编辑:俞滟荣

装帧设计:天下书装　　　　　版式设计:通联图文

责任校对:罗　金　　　　　　责任印制:蔡　旭

出版发行:台海出版社

地　址:北京市朝阳区劲松南路 1 号，邮政编码:100021

电　话:010-64041652(发行,邮购)

传　真:010-84045799(总编室)

网　址:www.taimeng.org.cn/thcbs/default.htm

E-mail:thcbs@126.com

经　销:全国各地新华书店

印　刷:北京高岭印刷有限公司

本书如有破损、缺页、装订错误,请与本社联系调换

开　本:710×1000　　　1/16

字　数:215 千字　　　　　　印　张:16

版　次:2013 年 8 月第 1 版　　印　次:2013 年 8 月第 1 次印刷

书　号:ISBN 978-7-5168-0163-5

定　价:32.00 元

前 言

省钱,是一种幸福

如何应对通胀的压力?

如何在经济下行的环境下,既维持我们现在的生活水准,又可以留有一定的节余为将来做储备?

省钱,是最实在和最管用的方法!

1

美国石油大王约翰·洛克菲勒说:"省钱就是挣钱。"华人首富李嘉诚也说:"对自己节俭,再加上自己的努力,迟早会有所成就,生活无忧。"可见,节俭本身就是一个大财源。节约是减少不必要费用的科学,同时也是慎重地管理我们财产的技术。

很多人以为省钱就等于过紧巴巴的日子。错了!只要省得巧妙、合理,你的生活质量不但不会降低,还会得到很多乐趣。

一项国外的研究显示,如果我们精打细算,每月就能省下10%至20%的生活开销,那么一年下来也是一大笔钱了。这样的好事儿我们为什么要拒绝呢?

比如说,几家共享无线路由器,人数越多越便宜;用飞信聊天,发送短信不花钱;搞清超市货架摆放的玄机,避开消费诱导拼单消费;组织一个超小型的团购健身,不一定去健身房,户外运动省钱又时尚;到咖啡馆或大使馆看电影,一样享受大片;做试客,既能省钱又能赚钱;去4S店作保养要问清项目,不花冤枉钱……

不同的人对于金钱的观点和态度不同,所以处理和支配自己金钱的方式和方法也各异。省钱,体现的是一个人驾驭财富的能力,是一种花钱的智慧。

2

波斯诗人萨迪很"浪漫"地揭示了"省钱"的本质,他说:"谁在平日节衣缩食,在穷困时就容易渡过难关;谁在富足时豪华奢侈,穷困时就会死于饥寒。"

明白了吗?我们提倡省钱,不是让你变成一个守财奴,锱铢必较,一毛不拔。定期下馆子,逛喜欢的百货公司,和朋友们外出消遣,如果取消这些活动让你感到沮丧的话,请继续,但是这并不代表你被允许胡吃海喝和刷卡血拼,你要记得吃饭只点可以装进肚子的,不点需要倒掉的;只买能用上的,不买用来囤积的。定期记账,知道自己的钱花在了什么地方,以便对下个季度的消费计划做出调整,把省下来的钱存进银行或者请专业人士为你设计投资理财计划。当你在工作两年后依旧在每个月底发愁,你需要停顿下来,重新理财……

省钱,让你可以体悟金钱的本质,认清积累财富的意义,并不忘身体力行帮助其他深陷债务泥潭的绝望的人们。

3

本书教你如何过低成本的生活——省钱,并不意味着要当"苦行僧",降低生活品质,如果能把钱花在刀刃上,可以让生活中的省钱行为也变得很时尚。精打细算,细水长流,不降低生活质量,一样拥有丰富多彩的生活!本书教你有智慧地选择生活方式和消费行为——理财成熟的标志是从"只会花钱"到学会"怎样更好地花钱"。本书将日常生活的所有活动一网打尽,一一破解麻烦的琐事与不必要的浪费,教读者如何省钱、节约又轻松地过日子。

省钱其实更是一种"幸福",无论你是信用卡奴、月光族、贷款人群、负资产者……当你熟读了本书,各种省钱技巧都会变成随手拈来的生活乐趣。

说到底,省钱是一种生活态度,也是一种生存哲学。学会运用省钱的窍门,也就懂得了如何更加优质地生活!

目 录
CONTENTS >>>>>>

第二章　明明白白消费——警惕购物陷阱　　/64

第三章 　爱玩更要会玩——花最少的钱享受高品质生活　　/91

第四章　求医不如求己——花小钱也能保健康　　/109

第五章 轻松玩转投资理财学——你不理财,财不理你 　　/139

第六章 你最想要的美容秘籍——从此告别美容院 **/182**

第七章　我低碳我骄傲——做个环保的时尚达人　　/213

附 录　测测你是"败家子"还是"省钱罐" /230

第一章

脑袋决定口袋
——专为工薪族定制的"吸金大法"

- -

日常节水有妙招

众所周知,水是地球上所有生物赖以生存的物质基础,水资源又是维系地球生态环境可持续发展的首要条件。因此,保护水资源是全人类最伟大、最神圣的天职。那么我们在日常生活中又应该怎样节水呢?

洗衣节水

洗衣机在洗少量衣服时,如果水位定得过高,衣服就会在高水位里漂来漂去,衣物相互之间缺少摩擦,反而不利于洗干净衣服,而且还浪费水;衣物太少不洗,等多了以后集中起来洗;如果将漂洗用过的水留下来做下一次衣服洗涤用水,也是不错的省水办法。

洗浴节水

不要将喷头的水自始至终地开着,尽可能先从头到脚淋湿后,就全身涂肥皂搓洗,最后再冲洗干净即可,不要单独洗头、洗上身、洗下身和脚;洗澡时不要边聊边洗,要时刻记住:时间就是水!

卫生间节水

如果觉得厕所的水箱过大,可以在水箱里竖放一块砖头或一只装满水的大可乐瓶,以减少每一次马桶的冲水量。但切记,砖头或可乐瓶放得位置要合适;水箱漏水总是常有的,主要是因为进水口止水橡皮不严,灌水不止,水满以后就从溢流孔流走。出水口止水橡皮不严,就不停流走水,进水管不停地进水,要及时修好;用家庭废水冲厕所,可以一水多用,节约清水;垃圾不要随便扔进便池内用水冲。

厨房节水

平时家里洗餐具时,不要边冲边洗,最好先用纸把餐具上的油污擦去,再用洗涤灵清洗一遍,最后才用温水或冷水冲洗干净。

空调节水

炎炎夏日,家家都要开空调,可是空调滴水也是困扰人们多年的问题了。这时,如果我们把排水管引到屋内,接一个水桶,这个问题解决了,而且水量还很可观呢。这些空调滴出的水可以用来浇花、洗手、冲马桶。

其他方面洗涤节水

比如在给自行车、家用小轿车清洁时,不要用水冲,改用湿布擦,太脏的地方,也宜用洗过衣物后的余水冲洗;手洗衣服时,如果在洗衣盆里洗、漂衣服,则会比开着水龙头洗、漂衣服节约许多水;家庭洗涤小物件、瓜果等小量用水,宜用盆盛水而不宜开水龙头直接放水冲洗;洗漱时应缩短用水时间,用完后立即关闭用水器具;刷牙、取洗手液、擦拭肥皂时要及时关掉水龙头;洗水果应先削皮后清洗;正在用水时,如需开门、接电话等应及时关水龙头;一般水龙头用的时间久了就会有漏水现象,发现后应及时更换。

使照明灯更省电的窍门

节能灯与白炽灯相比,在同样的亮度下用电量可以减少1/5,而且节能灯的寿命是白炽灯的六倍以上。所以,建议大家购买光效高、寿命长、显色好的知名品牌产品,这样用起来才划算。

如何挑选优质节能灯

电灯是每个家庭必不可少的东西,但大多数人较多关注的是灯具、灯泡的外观,却忽视了它的性能。正确的选择不但使你的生活更加舒适,而且还可以节约用电。

注意灯上标的使用电压。如果低电压的节能灯在高电压电源下使用,灯就会被烧毁;注意使用合格品牌。用户应使用国家质量技术监督局公布的质量合格的品牌,不要使用劣质品。选择好节能灯的功率。自镇流荧光灯的光效一般比白炽灯高四倍。家中如果原来使用60瓦的白炽灯,现在只使用16瓦的自镇流荧光灯就够了;要看有没有国家级的检验报告;要看产品的外包装,包括产品的商标、功率、标记的内容。用软湿布擦拭,标志应清晰可辨;要看产品使用寿命合格的自镇流荧光灯在正常使用时是否达到8000小时以上,如达不到标准,即为劣质品;要看安全要求。在安装、拆卸过程中,看灯头是否松动,有无歪头现象,是否绝缘;要看灯的材料。看外观材料是否耐热、防火,灯中的荧光粉是否均匀。如果未使用就出现灯管两端发黑现象,即为不合格产品;要看价格。一般来说,节能灯由于制造、生产过程中的特殊原因,成本相对来说较高。如果是单价七八元的自镇流荧光灯,很可能是一些小厂生产的劣质品,一般来说,国内知名厂家的自镇流荧光灯单价均在二三十元甚至30元以上,进口的价格就更高。

家庭照明省电窍门

家庭照明节约用电,与每个家庭乃至整个社会节电都有着密切的关系。那么,在生活中究竟怎样才能达到最佳的节能效果呢?

第一,尽可能使用节能灯。节能灯节电效果明显。

第二,注意选择和正确使用节能灯。在功率相同的情况下,节能灯的光效比白炽灯高5倍;使用节能灯时要注意灯上标注的使用电压,以免电压不适灯被烧毁;尽量减少灯的开关次数,每开关一次,灯的使用寿命大约减少3小时左右。如果在日光灯上改用新型电子整流器。耗电更少。

第三,特殊用灯巧控制。凡过道、楼梯口、门口处用的灯除了用节能灯具外,还要安装多控开关,使得楼上楼下、门里门外都可以控制开关;有的场所特别是门头灯可安装触摸型延时灯或声控灯,这样可以随手关灯以及人来开灯、人走熄灯;床头宜用变光灯,人们可根据需要调节光照效果,以达到节电目的。

第四,还可串晶体二极管降压来节电。这种方法须请专业电工操作,对楼梯口、过道处、卫生间等处的灯,可串一只晶体二极管降压使用,这样改装能节约电力,但对照明度影响不大。

节电方面也有一些方法。比如,安装节能灯,卫生间安装感应照明开关;装修时尽量不要选择太繁杂的吊灯;在居室设计中不要布置过多的射灯;灯具最好能够单开单关。还要合理设计墙面插座,尽量减少连线插板,不宜频繁插拔的插座应选择有控制开关的插座。在电器的选择方面,宜安装节能家用电器。

平常多利用室内受光面的反射性能。能有效提高光的利用率。如白色墙面的反射系数可达70%~80%,同样可以节电。

对于照明大的组合式多头灯可采用多个开关分组控制, 按照明需要选择开一组灯或多组灯,并使用节能灯,可达到既经济又美观的效果。

小家电省电有招数

微波炉

微波炉适合用于食物的加温和解冻,参考微波食谱做菜省电效果好;密封食物须开启后方可放入微波炉加热;烹调食物前,可先在食物表面喷洒少许水以提高微波炉的效率,节省用电;仔细阅读微波炉操作手册,以提高能源效率。

电饭煲

选择电饭煲时,应根据家庭人员的多少来确定购买功率大小;使用电饭煲最好提前淘米,用温水或热水煮饭,这样可以节电30%;电热盘表面与锅底如有污渍,应擦拭干净或用细砂纸轻轻打磨干净,以免影响传感效率,浪费电能;要充分利用电饭煲的余热,如用电饭煲煮饭时,可在沸腾后断电7至8分钟,再重新通电。一般情况下,开始吃饭就可以拔下电源插头,靠电饭煲的保温性能完全能保持就餐时的温度需要。电饭煲上盖一条毛巾,可减少热量损失。

饮水机

在饮水机电源侧加装时控开关。一般饮水机只要接通电源开关后,桶内的水就会被长时间地反复加热,这样做不但不利于饮用卫生,而且还浪费电能。其实只要给饮水机加装一个简单的节电开关电路,就能解决这个问题;大多数饮水机采取的保温措施都很简单,仅用两片泡沫塑料将加热桶围住而已,所以散热很快,效率较低。最好能用聚氨脂材料在加热桶四周进行发泡填充,这样可以大大提高保温效果。

电风扇

通常来讲,扇叶越大的电风扇电功率越大,消耗的电能越多。电风扇的耗电量与扇叶的转速成正比, 同一台电风扇的最快挡与最慢挡的耗电量相差约40%,在快挡上使用1小时的耗电量可在慢挡上使用将近两小时。因此,在风扇满足使用要求的情况下,应尽量使用中挡或慢挡。

吹风机

选择适当瓦特数的吹风机,以减少耗电量;选择附有安全装置的产品,当机体内部温度过高时安全保护装置就会自动断电,待机体内部温度降低后,才可恢复正常使用;洗发后,应用干毛巾将头发擦干些再使用吹风机,以减少吹发时间的耗电量;切勿在冷气房内使用吹风机吹头发,以免增加空调的耗电量;使用时,避免让异物掉入吹风机内,或堵塞吹风机的进出风口;并应不定期清除吹风机的进出风口,以免阻碍冷热风的流通,造成机体内部温度过高而导致机件的故障。

电熨斗

购买电熨斗时选择附有温控调节器和蒸汽熨烫功能的产品;配合衣料调整合适温度,适时使用蒸汽熨烫;连续熨烫用完后即切电,避免一次只烫一两件或让熨斗空摆加热。

吸尘器

先整理好房间再使用吸尘器,这样可以减少吸尘器使用时间;使用时应依照地面情况、灰尘的多少来随时调整风量强弱,并配合相应的吸嘴;勤于清理或更换内部的集尘滤袋。

用电时的误区

在家庭日常生活中,大家都注意节电,但由于存在一些用电误区,节电效果常常适得其反。

误区一:有些人用电饭煲煮米饭,插上插销就去忙别的事情,过了很久才回来把插销拔下来。其实,当锅内温度下降到70摄氏度以下时会连续自动通电,既浪费电又减少使用寿命。

误区二:洗衣机有强洗和弱洗的功能,人们往往认为弱洗会比较省电。实际上强洗比弱洗不仅省电,还可以延长洗衣机的寿命。

误区三:有人觉得冰箱内放的东西越少越省电。其实不然,冰箱内东西过少,热容量就会变小,压缩机开停时间也随着缩短,累计耗电量就会增加。放的东西也不能过多,不要超过冰箱容积的80%,否则也会费电。而且,食品之间应该留有10毫米以上的空隙,这样更有利于冷空气对流,使箱内温度均匀稳定,减少耗电。

厨房里的省钱术

把菜切细更易熟

将菜品切细,可节省烹饪时间,节省烹饪时间就是节约燃气费用。把萝卜、茄子、冬瓜、豇豆、四季豆等烹饪时间较长的蔬菜尽量切细,可节约烹饪时间5分钟以上。你没试过吧,其实茄子切成丝再炒挺好吃的,四季豆切成小颗粒状加点青椒炒熟了也很下饭。

炒菜间隙注意关小火

炒菜换品种的时候,应把火关到最小。一般来说,一家人吃饭至少得二菜一汤,人越多,菜的样数就越多。在炒完一个菜换炒第二个菜的时候,注意把火关到最小;如果需要洗锅,最好把火关了,虽然一次节省不了多少费用,但是你要记住,菜是天天都要炒的,积少成多,聚沙成塔的道理可不只是用来放在嘴里说的。

油盐酱醋节约秘诀

热锅凉油　炒菜时若油温太高,超过180℃时油脂就会发生分解或聚合反应,产生具有强烈刺激性的丙烯醛等有害物质,危害人体健康。因此,炒菜时应先把锅烧热,等油八成熟时再将菜入锅煸炒。

看菜放盐　由于盐是电解质,有较强的脱水作用,因此,放盐时间应根据菜肴的特点和风味而定。炖肉或炒含水分多的蔬菜时,应在菜熟至八成时放盐,过早放盐会导致菜中汤水过多,或使肉中的蛋白质凝固,不易炖烂。

看菜放酱油　因为高温久煮会破坏酱油的营养成分,并使之失去鲜味,因此应在菜即将出锅时放酱油。炒肉片时为了使肉更鲜嫩,可先将肉片用淀粉和酱油拌一下再炒,这样还可以防止蛋白质流失。

两头放醋　做菜时放醋的最佳时间在两头,即原料入锅后马上加醋或菜肴临出锅前加醋。"炒土豆丝"等菜最好在原料入锅后加醋,以保护土豆中的维生素,同时软化蔬菜;而"糖醋排骨"、"葱爆羊肉"等菜最好加两次,原料入锅后加醋可以祛膻除腥,临出锅前再加一次,可以增香调味。

减少炒菜的油量　按照合理膳食的要求,油脂类应少吃。现在人们的生活水平提高了,每道菜都是油汪汪的,有的人年纪轻轻就血脂过高。其实炒菜放油主要是一个习惯问题,刚开始吃油少的菜,可能会觉得不好吃,但习惯了也就没什么了。方法是循序渐进,最初炒菜一般是一大勺菜油,先减到大半勺,再慢慢减到半勺,家人渐渐也习惯了,这样一来,摄入油脂量降下来了,菜油钱也节约了。但少吃油并不是不吃,有些菜的油放少了,真的是难以入口,影响了吃饭的心情可就得不偿失了。

巧用多层蒸锅

用多层蒸锅做饭,可在底层熬汤,中层蒸饭,上层做粉蒸排骨、蒸茄子、蒸蛋等,只需使用同一火力,便可准备多种菜肴,一举两得。

合理使用抽油烟机

对女性来说,什么都可以省,一台好的抽油烟机可不能省,因为那与成为黄脸婆的可能密切相关。我们都知道油腻的碗盘不好洗,其实油腻的脸盘更不好洗,所以应尽量减少油分子附着在脸上的机会,因此,一定得想法让家里的抽油烟机更新换代,用上效果最好的抽油烟机。但是,这并不意味着一炒菜就要把抽油烟机开得轰轰响,该省的时候还得省:炖菜、煮菜的时候只需开窗即可;炒菜烧油的时候开到最大挡。菜下了锅翻炒几下,便可换成小挡;爆炒的时候,开到最大挡。

炸馒头巧省油

油炸馒头时,先准备一碗凉水,把馒头切成片状,油烧至八成热。用筷子或者夹子把馒头片夹住,放入凉水中浸透,立即放在锅里炸。浸一片炸一片,这样炸出来的馒头既好吃又省油。为了使油遇凉水不"炸锅",可在油锅里加点盐。

大米先泡后煮容易熟

煮饭前,把淘洗好的米在水里浸泡10分钟再煮,可以省电。如果用开水煮饭,也可以熟得更快。饭熟后应及时拔掉电饭锅插头,杜绝待机耗电。

做饭节气有妙招

近年来,随着人们生活水平的不断提高,天然气做为一种清洁能源,广泛被人们使用。因此,每户家庭的天然气用量也在不断地增加。怎样节约使用它呢?这里特向大家介绍几种"节约用气"的好方法,您不妨一试。

适当运用大小火，做饭时避免烧"空灶"

烧饭或炖东西时，先使用大火烧开，再调小火。炒菜、蒸馒头，用大火。熬汤、烙饼用文火，待食物熟或沸腾后，把火关小，保持微沸即可。烧水时，先用小火，等水温升高后，再用大火烧。

多焖少蒸

蒸饭所用的时间是焖饭的3倍，所以日常生活中您可以选择焖替代蒸。

火焰分布面积与锅底相平

天然气的火焰一般由三部分组成，外焰温度最高。做饭时如果火焰太大，实际上是在用温度最低的内焰，外焰的热量大部分散失。因此，在我们做饭时要将火焰分布面积调节至与锅底相平，这样就可减少热量散失。

锅底与灶头要保持最佳距离

锅底与灶头的最佳距离应保持20毫米~30毫米，除了这些外，还要注意保持锅底的清洁、干爽，以便热量尽快传到锅内，从而达到节气的目的。

及时清洗炉具

天然气在充分燃烧时的热值最高。所以要经常清洗炉具、炉头和喷嘴是必不可少的。

空调省电有秘招

对于每个家庭来说，随着越来越多的家用电器的普遍使用，每月的电费开支也是越来越多，可天气炎热、寒冷时又不能为了节省电费就不开空调吧？其实，只要在空调的选购和使用时稍加注意，还是可以节省不少电的。

选择制冷功率适中的空调

如果选购了一台制冷功率不足的空调，不仅影响制冷的效果，而且由于机身长时间不断地运转，空调发生故障的几率增多。还会缩短空调的使用寿命，另外，空调的制冷功率过大，就会使空调的恒温器过于频繁地开关，从而导致对空调压缩机的磨损加大；同时，也会造成耗电量的增加。

空调设定在适当的温度

因为空调在制冷时，设定温度每调高2度，就可节电20%。

保持空调本身的清洁,特别是过滤网要常清洗。

由于太多的灰尘会塞住网孔,使空调工作时加倍费力。

合理使用电风扇

采用电风扇,可以加强室内的空气流动,可以有效增强空调制冷的效果。对于有些较大或者形状狭长的房间来说,普通的空调由于送风距离不够远,影响房间的整体制冷效果,几百元钱的电风扇将在这种情况下帮到你。

装修时改进房间的格局

注意要使房间的门、窗保持良好的密封性。对一些门窗缝隙较大的房间来说,就做一些应急性改善。如用胶水纸带封住窗缝,给门窗粘贴密封条等。室内墙壁贴木制板或塑料板,在墙内外涂刷白色涂料等,这样做都可减少通过外墙带来的冷气损耗。

还有现代的房屋设计上大都采用大面积的玻璃门窗,以增强房屋的采光效果,但这些玻璃却是影响空调制冷效果的主要因素。解决的办法是:在玻璃窗外贴一层透明的塑料薄膜或者是采用不透光的遮阳窗帘。遮住日光的直射,这样做可节电约5%。

空调配管不易过长或弯曲

连接室内机和室外机的空调配管尽量短且不弯曲, 即使不得已必须要弯曲的话,也要保持配管处于水平位置。

出风口要保持顺畅

在出风口处不要堆放大件物品阻挡其机身的散热,增加无谓耗电。最值得注意的是,空调省不省电,要看每款空调的能效比,能效比越高越节能。

壁挂机安装的位置稍高些

柜机的导风板的位置调置为水平略向上的方向, 都会使空调制冷的效果更好。

户外机的安装位置也很重要

一般户外机最好安装在阴暗、通风良好的地方,因为空调机其实是个"热量"搬运器,制冷时,是把室内的热量搬到室外,所以,室外机在温度低的环境中散热自然良好,室内的制冷效果也就会更好。

冰箱节电妙招

随着人们生活水平的提高，现代家庭必不可少的保鲜工具——电冰箱成了人们的好帮手。而大多数人在选择冰箱时，最关心的问题之一就是其耗电量。其实日常中人们在使用冰箱时的操作方法，都会影响冰箱的耗电量。只有合理地认识和使用电冰箱，才能有效地减少耗电量。下面介绍几种节约用电的方法：

冰箱摆放有讲究

一般来讲，电冰箱应摆放在环境温度低，并且通风条件比较好的地方，远离热源，避免阳光直射，并且在电冰箱顶部、左右两侧及背部都要留有适当的空间，不要摆放过多的杂物，这样更有利于冰箱自身的散热。

存取食物方法

平时，我们在取存食物时，要尽量减少开、关门的次数和时间，在开门和关门时动作要快，开门角度也应该尽量小，并尽量有计划地一次将食物取出或放入，而避免过多热气进入箱内。严禁将热的食品放进电冰箱内。由于热的食物含热量比较高，放进冰箱后，将会使箱内温度急剧上升，同时增加蒸发器表面结霜厚度，压缩机工作时间过长，耗电量增加。电冰箱存放的食物要适量，不要过满过紧，影响箱内空气的对流，食物散热困难，影响食物的保鲜效果，同时增加压缩机工作时间，使耗电增加。蔬菜、水果等水分较多的食物，应洗净沥干，用塑料袋包好放入冰箱，以减少水分蒸发而加厚霜层，缩短除霜时间，节约电能。

日常保养方式

经常定期的除霜和清除冷凝器及箱体表面灰尘，保证蒸发器和冷凝器的吸热和散热性能良好，缩短压缩机工作时间，节约电能。在保证食物质量的前提下，根据季节变化、食物种类和数量多少，合理调整温度控制器，使电冰箱经常处于最佳工作状态。停电时，请减少开门次数，尽量不要再往里面放食品，以减少冷量散失。

电视机节电妙招

在购买电视机时应首选有"节能标志"的电视机。电视机放置时至少应离开墙壁10厘米以上，以利散热。当您使用电视机时，应适当控制电视机的亮度、音量。音量开得越大，耗电量也越大。所以看电视时，亮度和音量应调在人感觉最佳的状态，不要过亮，音量也不要太大。这样不仅能节电，而且有助于延长电视机的使用寿命。

电视机应避免调高画面亮度，可有利省电。一般彩色电视机的最亮状态比最暗状态多耗电50%~60%，功耗能相差30~50瓦；室内开一盏低瓦数的日光灯，把电视机亮度调暗一点，收看效果好且不易使眼疲劳；电视音量大、功耗高，每增加1瓦的音频功率要增加3~4瓦的功耗。一般说明书上所标示的消耗电力是指音量与亮度调到最大之值，平日使用时所消耗的电量，约为上述的70%左右，若音量与亮度调高时，相对来讲就比较费电。

另外，看电视时不要频繁的开关，对无交流光机的遥控彩电，关机后遥控接收部分仍带电，且指示灯亮，将耗部分电能，有些电视机只要插上电源插头，显像管就预热，耗电量为6~8瓦，所以平时在电视机关上后应及时地拔下电源插头。长时间不看电视应拔掉电源插头，床前电视可设定睡眠定时开关。避免长时间收看电视，因为机体温度升高会比较耗电。

使用放映机影像输出端连接电视机影像输入端，这样做除了可以提升画质外，还可以减少功率消耗。

打电话省钱的妙招

电话是人们生活中必不可少的一项通信工具，家庭里的固定电话，随身携带的移动电话，平时打市内电话，需要的时候还要打国内长途或者国际长途，这些费用少则几十元，多则百元千元，这也算是一笔固定的开支。如今的社会是现金为王，少花钱多办事是硬道理，下面就教你几招打电话省钱的方法。

打市内电话

市内电话前3分钟是0.22元/分钟,超过3分钟是0.11元/分钟。如果平时购买200卡打电话就节约了,因为200卡在市场上一般是打折出售,有的最低能打到3折(具体地方略有不同),这样一来就可以节约下一笔小钱。对于平时打市内电话较多的人,最好使用此种卡,将为您节约不少电话费开支,实际上,许多善于精打细算的个体企业和家庭都在使用200卡打市话。很多人也知道这样能省钱,只是在操作时要拨打太多号码太费事又难记,你可以购买一个比较好记的号码使用,只要把其他卡上的钱转存到这张好记的卡号上来就可以了。

打国内长途

随着网络技术的不断发展,IP电话被普遍使用,大大降低了长途电话的资费。每个电信运营商都有自带的IP线路,长江以南的电话局是中国电信,长江以北为中国网通。中国网通为:17909;中国电信为:17969;铁通为:17991;中国联通为:17911;中国移动为:17951。资费为0.3元+市话(固话:0.1元/分钟)。优点:可打印详细话单、无漏费现象。缺点:较贵。中国电信还推出IP电话11808,在法定节假日以及每日21:00至次日7:00的时段,6分钟以内是0.3元/分钟+市话费,6~45分钟以内话费是市话费+1.99元,如果通话45分钟,话费是4.50元(市话费)+1.99元=6.45元,一旦超过45分钟,哪怕是1秒也会按普通长途话费计费。

这样相比之下,通话时间不足12分钟,用中国网通的17909比用中国电信的11808划算,通话超过12分钟用中国电信的11808划算。

国内长途最省钱的要数IP电话卡, 联通公司的17910, 电信公司的1790800,中国铁通的197300,卫通的17970,这些均可以在手机和座机上拨打。这些卡面值100元、25元左右都可以买到, 在各大城市的电话卡市场都可以买到。正常的IP计费是0.3元/分+市话费,打完折后是0.075+0.1(市话),相当于0.175元/分钟。电话卡的优点是便宜,缺点是查不到话单,拨号时需要输入卡号密码,十分繁锁,无人接听或占线也要收取市话费。

打国际长途电话

还有200卡、300卡、201卡、IP卡、宜通卡等都是密码记账卡,在任何一部双音频电话机上都可以使用。300卡可以打市内电话、国内长途、国际长途,有效期为一年。200卡可拨打国内、国际长途电话,没有时间限制。201卡是大专院校较普及的标有面值的储金电话卡,要在特定的电话机上拨打使用,操作方法与200卡、300卡相似。

　　IP电话国际长途资费标准：美国、加拿大2.4元/分钟，其他国家地区3.6元/分钟，至港、澳、台1.5元/分钟，国内长途电话0.3元/分钟(不包括市话费)。

移动电话如何省钱

　　目前市场上，国内不同省份和不同公司的移动电话资费标准不一，且同一公司的不同制式收费也会不尽相同。中国移动有全球通、神州行、动感地带等，中国联通有如意通、新势力等。其收费标准也都是高低不同。许多省份的移动公司设计了多种资费模式、各种各样的套餐来实行单项收费。如中国移动(北京)有四款接听全部免费的套餐，主叫单价分别为0.35元/分钟、0.25元/分钟、0.2元/分钟、0.15元/分钟，超出套餐内包含的时间，本地拨打也按照套餐内的单价收费标准收费，且不分忙、闲时。也就是说，如果客户选择"畅听99"，本地拨打电话超过1000分钟后，再打电话时仍然按0.2元/分钟收费。

　　这款"畅听99套餐"同时也降低了长途资费，本地拨打17951国内IP长途资费仅为0.1元/分钟，也就是通过"17951+区号+电话号码"的方式拨打长途电话，最高为0.45元/分钟，最低仅0.25元/分钟，几乎与本地拨打电话的价格相当。

　　中国移动用户用17951 IP，中国联通130用户则使用17911 IP拨打长途，比直接用手机打长途要省钱得多。但"如意通"用户很难拨通。中国移动用户也可在某些地区使用网通的17931和吉通的17921 IP业务。计费标准与IP卡一样，这就可以为您省下不少钱。

　　133网手机拨打国内长途，资费标准无变化，仍按通话时长收取国内长途话费(0.80元~1.00元/分)加本地通话费(0.20元/分钟)。同时133网手机也能使用固定电话IP卡中的任一种拨打IP电话，即需要拨密码账号，目前还不能直接拨打IP电话。

　　中国移动IP记账卡：17950(可使用固定电话、移动电话，随时随地都可拨打)面值100元，售价36元。它的资费标准为：港澳台1.5元/分，美国、加拿大、日本、韩国、澳大利亚2.4元/分，16个优惠国家(含印度、巴基斯坦、越南、也门、朝鲜、孟加拉国、伊朗、马里、卡塔尔、贝宁、蒙古、洪都拉斯、肯尼亚、卢旺达、古巴、叙利亚)4.6元/分,其他3.6元/分。

手机电池充电有讲究

如果您希望延长手机电池的使用寿命,除了充电器的质量要有保证外,正确的充电技巧也必不可少:

手机电池出厂前,厂家都进行了激活处理,并进行了预充电,因此电池均有余电,有朋友说电池按照调整期时间充电,待机仍严重不足,假设电池确实为正品电池的话,这种情况下应延长调整期再进行3~5次完全充放电。

如果新买的手机电池是锂离子,那么前3~5次充电一般称为调整期,应充14小时以上,以保证充分激活锂离子的活性。锂离子电池没有记忆效应,但有很强的惰性,应给予充分激活后,才能保证以后的使用能达到最佳效能。

有些自动化的智能型快速充电器当指示信号灯转变时,只表示充满了90%。充电器会自动改变用慢速充电将电池充满。最好将电池充满后使用,否则会缩短使用时间。

充电前,锂电池不需要专门放电,放电不当反而会损坏电池。充电时尽量以慢充充电,减少快充方式;时间不要超过24小时。电池经过三至五次完全充放电循环后其内部的化学物质才会被全部"激活"达到最佳使用效果。

请使用原厂或声誉较好的品牌的充电器,锂电池要用锂电池专用充电器,并遵照指示说明,否则会损坏电池,甚至发生危险。

有许多用户经常在充电时还把手机开着,其实这样会很容易伤害手机寿命的,因为在充电的过程中,手机的电路板会发热,此时如果有外来电话时,可能会产生瞬间回流电流,对手机内部的零件造成损坏。

电池的使用寿命决定于反复充放电次数,所以应尽量避免电池有余电时充电,这样会缩短电池的寿命。手机关机时间超过7天时,应先将手机电池完全放电,充足电后再使用。

手机电池都存在自放电,不用时镍氢电池每天会按剩余容量的1%左右放电,锂电池每天会按0.2%~0.3%放电。在给电池充电时,尽量使用专用插座,不要将充电器与电视机等家电共用插座。

尽管手机在网络覆盖区域之内，但在手机关机充电时，手机已经无法接收和拨打电话了。此时，可以使用手机的未通转移功能，将手机转移到固定电话上，以防止来电丢失，这种方法对于手机不在网络覆盖区域内或者信号微弱而暂时无法接通时也适用。

切勿将电池暴露在高温或严寒下，像三伏天时，不应把手机放在车里，经受烈日的曝晒；或拿到空调房中，放在冷气直吹的地方。当充电时，电池有一点热是正常的，但不能让它经受高温的"煎熬"。

镍镉电池充电前必须保证电池完全没电，再充电后必须保证电池充足电。

如若手机电池被放置太长时间而未用，最好到手机维修部门申请给电池作一个激活处理，也可以自己用一个直流恒压器，调整电压为5~6伏，电流500~600毫安反向连接电池。

充电时并不是充电时间越长越好，对没有保护电路的电池充满后即应停止充电，否则电池会因发热或过热影响性能。

锂离子电池必须选用专用充电器，否则可能会达不到饱和状态，影响其性能发挥。充电完毕后，应避免手机长时间放置在充电器上，如若长期不用时应使电池和手机分离。

买车排量小，油耗费用少

通常来讲，男人们都喜欢开排气量大、灵敏度高的车，而且愿意选择商务型的，这样开起车来比较有事业成就感。一般情况下，女人开车在力量和反应能力方面，都要比男人要差一些，所以最好选购小型车，这样开起来也方便，尤其是在退库或者调头的时候能比较灵活。经济条件好的可以考虑买自动挡的，这样可以省很多麻烦。如果夫妻两人只能买一辆车的话，最好是两个人都能兼顾，这样既省钱又方便。

如今，国际上的原油价格像过山车一样，时而跃上山峰，时而跌落谷底，让人们见识了与"国际接轨"的真正含义。无论高油价还是低油价，驾车族都在承受着前所未有的动荡。为了更加安心开车，为了将来不会造成太大的负担，许多人将目光投向了小排量汽车。汽车的排量大，油耗自然大，费用也必然高，加上养路费、年检、保险，一辆车的花销也不少，这也是有人说的"买得起车养不起车"的原因。对于家庭经济条件一般的工薪族，买车首选小排量，耗油少，几年下来也能节省不少钱。实行"燃油税"后，小排量车的优势更能凸现出来。

贷款买车大比拼

目前市场上的汽车贷款主要分为银行车贷、信用卡分期、专业汽车金融公司贷款。选择什么样的贷款最划算呢？

首先，单从贷款利率方面分析，要数信用卡刷卡分期占有较大优势。某品牌原汽车销售人员给我们算了一笔账，就拿他们和建行合作推出的该项业务为例。以一辆骐达为例，车价、车辆购置税以及保险费合计为13.5781万元，贷款七成约8万元。只要向建行申请办理信用卡，就可以分一年或两年分期付款，每月支付相应本金即可。虽然不用支付利息，但如果贷款两年要一次性收取贷款金额9.5%作为手续费。而银行办理车贷一般按照基准利率执行，算下来采用信用卡方式要便宜一些。

但是这类信用卡刷卡分期只和指定车商合作，而且贷款期限最多不超过两年。

银行办理车贷可以不限车型不限车商，贷款期限一般为1~3年，首付最低为三成。如果是公务员等优质客户，则首付比例可以降低到两成，贷款期限最长可达到5年。

汽车金融公司贷款的门槛放的比较低，但利率最高，甚至比银行贷款利率高一到两成。一般来说，不论是办理信用卡分期还是到银行贷款，都需要深户深房，甚至对购房面积有一定要求，否则很难通过审核。而通过汽车金融公司贷款，只需要找一个有深房深户的人作信誉担保即可。并且贷款期限最长可达到五年。

所以，我们在申请车贷时应根据自己的实际情况做出综合考量，除了考虑贷款利率、首付等因素外，还应比较贷款期限、手续费、提前还贷是否收取违约金等多方面。

汽车保险怎样买最划算

当前,随着私家车的不断增多,给汽车买保险成为人们十分关注的话题。由于保险项目众多,保险条款繁杂,很多人都不甚了解,如何让汽车遇到意外情况的时候,损失降到最低?哪些险种不必买?哪些险种必须买?已成为有车族最关心的问题。车险要想买得省钱,首先要了解汽车保险的各险种,才能知道自己的车需要买什么,不需要买什么。汽车本来就是高档消费品,如果因为买保险造成失误,平白损失了金钱,谁也不会心安。所以就需要有车一族精打细算,免得花冤枉钱。

如今办理汽车保险的公司很多,其中人保公司(PICC)、太平洋保险公司(CPIC)和平安保险公司属于全国范围内都有业务的大公司,特点是理赔的标准比较高,理赔过程也相对快一些,而且很多情况下能按照4S店的维修费用赔给客户。如果车价相对较高,对维修质量要求也很高,最好选择大公司。如果您的爱车价格并不高,对于维修质量没有太高的要求,最好选择小公司,在费用方面比较划算。

比如相同车型和险种,大公司保费比小公司高,同样都是10万元的新车,大公司基本保费在4000元左右,小公司也许只需花3200元左右。大公司"出险金额500元以下不赔",而小公司则相反,它们的赔付额度不如大公司,定点维修厂的水平也不如大公司,而且有时候服务质量不够可靠,但通常费率会比较低。

有些人会担心保费便宜了是否会影响出险后的理赔服务质量?这种担心大可不必,因为大部分保险公司并不是通过收取车险保费实现公司主要盈利的,所以保费的高低不会影响理赔服务质量。

汽车市场上的保险按照重要性分为基本险和附加险。基本险包括:机动车强制责任险、车辆损失险和第三者责任险。附加险主要包括:全车盗抢险、车上责任险、玻璃单独破碎险、自燃损失险、不计免赔特约险等等。有几点注意事项和窍门:

第一,机动车强制责任险、第三者责任险是必须保的,否则被保车辆无法通过年检。

第二，车辆损失险是附加险的基础，只有保了车损险才能保其他附加险。

第三，附加险可以选择：如果有比较可靠、安全的停车场停放，上下班路况很好可以不保盗抢险。如果车很便宜，而玻璃险保费可能达到挡风玻璃本身价格的30%~40%，就很不划算。新车自燃的几率非常低，也可以考虑不保。

第四，不计免赔险是一定要保的，否则一旦出险，保险公司最多只赔付总损失的80%。

开车省油招数多多

提起省油就不得不先说说影响汽车油耗的几个重要因素。主要包括重量、车速。其次，还有驾驶方式、车身设计、机械性能、保养状况等。不过在这些耗油的因素当中我们只需举手之劳就能做到省油。常用的省油"小动作"就不得不做一些：

驾车时省油的招数

柔和起步。挂低挡起步，缓缓地踩下油门踏板，缓慢加速。让汽车达到一定挡位速度时，学会听着发动机的声音来逐步把挡位从低换到高。避免突然加速和突然起步，这样的操作会导致更多的燃油消耗。

换挡要及时。换挡要快而及时，特别在斜坡上行驶，换挡的时间越短，汽车的动力性就发挥得越好，就越能节省燃料。

高挡行驶省油。一般情况下，尽可能使用高速挡行车，少用中间挡。当然，也不要在高挡位拖挡行驶。并且要了解自己车的情况。在发动机"发抖"前，就要把挡位降下来，让车速提上去，然后再换回高挡。

使用经济车速。一般轿车的经济时速为60~80公里之间。汽车运行在经济时速时是最省油的。

轻抬油门。轻抬油门能省油。

保持跟车距离。如果道路拥塞，而前车又经常刹车，就应该和前车保持足够的跟车距离，这样既可以从容减速，又可以减少制动次数，以达到省油的目的。

减少使用制动。在通过交叉路口、下坡时，都应提前抬起油门，使汽车自然减速达到"以滑代刹"的目的。

高速行驶时不要开窗。行驶时开窗会增加车的阻力,阻力的增加就会消耗汽油,所以在开车时尽量不要开窗。有实验表明,打开车窗,风阻将至少提高30%,如果车速高于70公里/小时,开窗的风阻消耗将超过空调系统的燃油消耗。

行驶时开窗的效果,基本上和车顶上加了面帆的效果类似,所以在时速70公里/小时以上或风较大的时候,尽量关窗行车,如果嫌热的话还是开空调吧。

汽车保养省油的招数

要想降低油耗,平时保养很关键。车况是影响汽车油耗的一项重要因素。汽车的任何不正常都可能导致油耗的升高,从而影响汽车的行进动力,保证发动机时刻处于良好状态,是最基本的省油办法。针对车辆节油性能的保养,主要从以下方面入手。

经常检查胎压。要让胎压保持在标准值范围内。胎压过低会增加车辆油耗,符合规定要求的胎压可以降低油耗3.3个百分点。另外,还要定期作四轮定位。

定期更换机油。注意清洗积炭和滤清器,及时更换火花塞等,一般情况下,当行驶到30000~50000公里时就应及时更换火花塞。

要到正规加油站加油。按照车的压缩比标值选择合适标号燃油,标号偏高或偏低都会造成汽缸和喷油嘴积炭增加。

尽量不增加车内耗电设备,以免增加发电机的负荷。

磨合期要避免负重、超速以及低速行驶。

要清除燃烧室和喷油嘴积炭。燃烧室积炭有可能在活塞往复运行时增加研磨,加速发动机磨损,使发动机功率下降,增加油耗。喷油嘴积炭会使油道堵塞,汽油喷射变形,雾化差,也会增加燃油消耗。因此要及时清除积炭。

进、排气门间隙的调整。由于进、排气门间隙调整不当,会增耗燃油10%至28%。因此,最好按标值调整发动机的气门间隙。

空滤器的保养。空气滤清器的作用是净化进入汽缸内的空气,如空滤器太脏则会阻碍空气畅通,造成燃油消耗增加。

酌情加添加剂。正确加注添加剂可使车辆达到清洗油路、节省燃油的效果。

注意发动机冷却系统。如发动机发生故障,一定程度上是由冷却系统故障引起的。还要注意及时清洗保养汽车水箱。

开空调省油的招数

车主们都有这样的经历：夏季因为频繁使用空调，油耗要比平时季节大的多。在炎热的夏季开空调如何才能降低油耗呢？

夏天暴晒后不可立即启动空调，因为汽车在烈日下停放一会儿，车内温度就高达六七十摄氏度。此时，可先把车门、车窗打开，等热气排出车厢后再坐进去启动汽车，打开空调外循环，待车厢内外温度相近时，再关闭车窗，启用内循环。

许多车主使用空调时，习惯将空调出风口调向下，这样其实不利于空调制冷。制冷时空调最好向上吹，因为冷空气会向下沉，风向挡位最好选择吹面挡，不要选择吹挡风玻璃的那一挡，因为挡风玻璃的温度是很高的，会抵消一部分制冷效果。

夏季开车时不易把空调温度调得太低。这样不仅会增加油耗，还会影响身体健康，一般车厢内外温度差在10摄氏度以内为宜。如果是非恒温式空调，可先把冷气温度设在最低，风速开到最大，等觉得冷时再把温度调高一点，把风速降一挡，如还冷，再将温度调高些，然后将风速降下来。只有这样做才能达到省油多多的目的。

加油省钱的小细节

平日里加油时，只要注意到以下细节，就会为您省下一笔不小的钱。

希望大家在车里带上一双手套，当加油站工作人员设定好机器后由你自己戴上手套来加，加的时候不要全速加油，用半速加油，当加完油，加油机停机后，不要立即松手，停留5秒钟后再取出加油枪。

早、晚加油比较好，加油时尽量避免中午太阳大、气温高时加油。因为汽油是以体积而不是重量计费，热胀冷缩，早上或晚上加油时，同体积的汽油可以有较多的质量，可以节省不少。

尽量以加多少升的方式加油，而不以加多少钱的方式加油。因为四舍五入以后，你常常会无形中损失了金钱。

跑市区最好给油箱加一半或2/3的油,因为市区常常走走停停,若你加满油则会加重引擎的负荷,起步没力而且又使车耗油,况且市区加油站很多,不怕没地方可加。

如果车平时开得少,建议保持低油量,因为汽油放久了会变质。

如果你正要进加油站,发现油槽上停着一部油罐车,这时候二话不说,请调头继续找下一家加油站。因为油罐车补充的油料,正涌起槽底多年的沉积,很有可能就加到你的油箱。

不要盲目崇拜高标号,该用什么标号的汽油就用什么标号的。这样也可以省下不少银子。

台风、暴雨刚过不要加油。因为汽油是存放在地下的,暴雨后,排放不及的雨水有可能漏入油罐。

尽量去中石化或中石油全资加油站加油,可以保证计量工具的准确性。

精打细算养车经

近年来,随着私家车的日益剧增,给有车一族带来的汽车消费烦恼也与日俱增。虽然4S店、快修店和美容保养店越来越多,一方面让人们享受便利生活,但是另一方面人们又不可避免地要面对一个事实:养车成本越来越高了。

再有钱的车主,养起车来也要精打细算。于是许多人的钱包里多了一张张卡,他们用卡加油,用卡洗车,用卡办保险,汽车生活步入了"汽车卡消费时代"。

目前市面上比较流行的汽车卡主要分为四大类:一类是银行发行的,如建行龙卡汽车卡、工行牡丹中油卡等;一类是某些汽车俱乐部如路邦、锐思特发行的服务卡;一类是4S品牌店提供的会员卡;还有一类是专业汽车美容店、洗车店提供的打包式服务卡等。

业内人士分析认为,每个发卡机构在推出汽车卡时都会结合自己的行业优势,消费者要做到真正省钱,就必须结合自己的需求了解每张卡的内容。

银行的优势在于金融领域。他们推广汽车卡的目的未必是在汽车服务上直接赚钱,而是看中了有车族的经济实力,抢占这些客户资源以图拓展理财业务。因此相比其他发卡机构，银行卡的最大优势在于通过刷卡消费，可以兑换更为诱人的礼品。而且因为不以营利为目的，一般购卡就直接能获赠一定额度的服务。

4S店的优势在于专业的维修保养能力。这些店推卡的目的是为了增强客户的忠诚度，留住客户群。据了解，一般新车主可以免费拿到的是服务银卡，凭此卡工时费可打9.5折，消费到一定金额后可以升级到服务金卡和贵宾卡，金卡可享受工时费8折，贵宾卡最多可以打到5折。

而俱乐部的最大优势在于一支专业的后勤团队，他们扮演着汽车保姆的角色，提供为车主代办上牌、年检、团购车险等服务，让你免去跑腿的麻烦。

大多数车主认为使用汽车卡能够得到便宜、方便的服务。在实际使用中，由于种种不方便，汽车卡中的很多功能并不能真正用上。

对此，业内人士表示，消费者购买汽车卡之前，应该对这些卡的功能有个大概的了解。一般来说，使用汽车卡可以享受到代办车辆年检等服务，购买保险等产品也有折扣价，总体看对车主是提供了更为便利的汽车生活。但也应该知道，要是汽车卡带有明显的商业目的，那么消费者应该明辨实际意义之后再选择是否使用。

选房省钱有学问

日常生活中，房地产作为一种特殊商品，其价值较大，往往动辄几十万元甚至几百万元。对于广大买房者来说，如何在买房过程中省钱，避免多花钱，也是一门要掌握的学问。

关注业主论坛

关于房产的网站现在有十多个，每个网站都有业主论坛的板块。业主论坛上有很多来自民间的各种传闻、小道消息以及项目多方面的群众讨论，具有代表性，非常值得关注，而且业主论坛里面经常会有爆炸性的新闻出现。所以，想要购房者可从业主论坛获取很多有价值的信息。

关注打折信息

一般在年底时，因为开发商急需回笼资金，他们都会对楼盘进行优惠打折,并且及时公布在网站和报纸上。另外,开发商还会适时举办产品推介会,在会上拿出一些折扣卡,让利给购房者。这时购房者摸准信息,及时行动,可将房价谈到最低。

货比三家

买房是每个人的终身大事,应仔细了解楼盘的户型、价格、地理位置、交通状况等。然后与周边楼盘进行货比三家,最终根据自己的实际需要挑选自己喜欢的房子。

房子宜精不宜大

很多人认为,只要条件许可,房子就应该买得大一点,大的总比小的住起来舒适。其实,房子并非越大越好,最理想的方式是布局合理、分工明确、够用就好。比如三口之家,住在200多平方米的大房子里,难免会有缺乏人气、不方便整理和打扫的困扰。因此,买房前首先要有"房在于精不在于大"的观念。所谓精,就是指房型要紧凑,过道、阳台等面积控制合理,厅的进深不宜太大,一切从实际需要出发,避免无谓的面积浪费。

楼层低一点

一般来讲,楼层低一点价格也会低一点。现在市中心地区的许多高层、小高层,同一房型、同一建筑面积,每上一层楼,总价要提高几千元到几万元不等。一幢20多层的房子。高区和低区的总价差额超过十几万元。虽说高一点风景、采光等条件比较好,但如果楼距较大,低一点也无妨。高也有高的缺点,比如,越高风越大,不能随意开窗;上下楼乘坐电梯的时间较多等。

购买毛坯房自己装修

有的人喜欢个性化的家庭装潢,那么,在同一个既有毛坯房、又有全装修房的小区内,可以考虑购买前者。因为与其买下全装修房后,自己敲敲打打再重新装修,造成资源和资金的大量浪费,不如直接购买毛坯房。

了解物业费的标准

购房者在买房时,还要了解清楚物业管理费的标准。有的小区看起来地段一般、品质也不高。但物业管理费却很高,究其原委,主要是小区内有人工水景,甚至是人工湖,这类景观的养护成本要比一般小区高很多。因此,建议购房者在同样容积率的情况下。宁可选择绿化多的小区,也不要选择水景多的小区。因为人工水景(包括人工湖)并不是活水,要保持水质优良,就必须常换水。

用水要花钱,再加上抽水的电费,肯定比养护一般的绿化成本高。

内部认购房

有的房地产开发商在未获得"商品房预售许可证"前,在小范围内推出楼盘的"内部认购"。由于这是该项目在正式推出以前,开发商对市场接受度尚无足够把握的情况下的投石问路,因此价格一般较低。不过,购买这种"内部认购房"应特别注意:房地产开发商的资质必须可靠,该项目发展前景乐观,合规、合法,除"商品房预售许可证"外的其他证件具备且合法。

开盘价房

"开盘价"中包含了某些优惠因素。一般来说,开发商在项目正式开盘时,为了营造旺销气氛,保持项目物有所值的美好形象,往往会做出切实的让利。这种优惠的可信度较高。

通过楼盘经理要折扣

通过售楼小姐联系到楼盘经理,联系上经理不难,关键是要把经理搞定。每个经理都会有一定的折扣权限,这是售楼小姐所不能给的。一般情况下,经理不会用自己的权力,但是只要搞好关系,或私下送他点礼物,他可能会给你打几个点的折扣。自己算一下投入产出比,绝对合适。

挑"尾房"捡个便宜

一般来讲,大多数项目在正式开盘之前,为了积累客户、回笼资金会做一些"认购"活动,收取一部分"预订金"。在这段时期,预订的购房者会享受到明显低于同地段市场价的优惠价。对于购房者而言,这些"期房"完工遥遥无期,没有定数。因此,对于同一个项目,与其在开盘、封顶等房价暴涨的时候出手买房,倒不如找机会扫个尾房,开发商为尽快脱手,会相应给一些优惠,包括降价和给实物,让聪明人捡个便宜。

提前还贷也能省钱

目前各大银行的主要还贷方式有:一次性还清;月供不变,压缩期限;减少月供,保持还款期限;月供、期限双减;增加月供,缩短期限。各种方式各具特点,贷款人是否要提前还贷,需要根据自己的实际情况综合考虑。

提前还贷的方式

全部还清贷款

这意味着借款人须要将全部的本金和利息结算清楚。这种方式对购房者最为划算，也对还贷人的经济要求最高。

月供不变，压缩期限

如果提前还款10万元为例，选择保持月供水平不变，即每月还2917.69元，而贷款期限就相应缩短为9年，今后应付出的总利息将为70212.33元，按揭贷款的利息总额为76955.01元，利息减少了98229.61元。

减少月供，保持还款期限

如果提前还款10万元，选择15年贷款期限不变，则目前剩余14年8个月，由此每月还款金额为2072.16元，月供水平相应减少845.53元，这样今后的总利息支出为119628.36元，按揭贷款的利息总额为126371.04元，利息减少了48813.58元。

月供、期限双减

如果提前还款10万元，再将其余贷款的还款期限缩短为10年，提前5年还清剩余贷款，那么月供为2697.48元，相应减少220.21元，这样今后的利息支出为78625.25元，按揭贷款的利息总额为85367.93元，利息减少了89816.69元。

如果提前还款10万元，将其余贷款还款期限缩短为8年，提前7年还清剩余贷款，则月供会相应增加到3197.97元，这样今后的利息支出为61933.27元，按揭贷款的利息总额为68675.95元，利息减少了106508.67元。

提前还贷"秘诀"所在

对于如何提前还贷最划算的问题，有关银行业内人士表示："市民选择提前还贷，主要是为了减少利息。而在贷款前几年中，一般本金的数量大，所以利息也较高，建议贷款前几年时间内，多还点款，这样总贷款数额会下降，利息负担也会相应减少。"同时，如果贷款人手上有闲钱而又没有好的投资方向，则建议选择提前还款比较好，可以省去一笔利息；若贷款人有不错的投资，可得到较多的投资回报的话，则不妨好好利用贷款。

至于提前还贷选择何种方式最划算，专业人士称并无最划算的说法，选择哪种方式要根据贷款人的具体情况来确定，"比如贷款人预期未来收入会大幅增加，就可以选择增加月供，挤压期限的方式。"

办理手续须预约

据介绍,贷款人提前还款,首先要和银行签署补充协议。协议主要是用来更改借款额或者借款期限。第二,要办理提前还贷手续。提前还贷,须要提前向贷款银行提交申请,等银行回复后,才可前往银行办理提前还款手续。通常,银行会在一个月左右给予回复。因此,消费者如要提前还款就应提前申请,以免延误时机。

提前还贷勿忘退保

贷款人提前还贷后,银行会出具证明,借款人拿着银行开具的贷款结清证明,到房产管理部门的抵押科办理撤销抵押登记手续。此外,提前偿还全部贷款后,原个人住房贷款的房屋保险合同此时也提前终止。借款人可携带保险单正本和提前还清贷款证明到保险公司要求退还未到期的保险费。需要注意的是,如果购房人没有一次性付清所有贷款,是不能要求退保的。

淘二手房的省钱窍门

如今,到网上的二手市场去"淘"房子,已经成为不少人购买房屋的行之有效的途径。那么,如何花更少的钱淘到更适合自己的房子呢? 在二手房交易过程中,有哪些渠道可以合理减低相关费用呢?

选购二手房的注意事项

地理位置:对于购买二手房纯居住的人来说,可以尽量选择那些离车站、地铁较近,周边商业氛围较完善的区域买房,这样一来上、下班较便利,而且购物也比较方便。对于为了购买二手房长期投资的人来讲,最好选择在商圈成熟、地段较好、交通便利的区域买房。因为随着商圈的不断成熟,二手房的价值也会充分体现出来,同时,如果房屋业主以租代售,其投资回报也将较为可观。

户型面积:20世纪80年代的二手房户型面积普遍较小且通风采光也有其局限性,而20世纪90年代以后建成的房屋户型开始逐渐合理化。因此,购房者在购买二手房时要尽量选择自己更看中的那一方面。如对于首次置业者可以选择户型小、总价相对较低的二手房过渡;而白领、上班族则可以购买户型相对较宽敞的二手房。

房屋质量：房屋质量是买房时一个十分重要的考核因素。就目前北京二手房市场而言,80年代的二手房普遍较多,由于这些二手房建成年代较久,使用时间较长,因此可能存在管线老化或走线不合理、墙体爆裂或脱皮明显、天花板经常渗水、防水防火性能较差等状况,购房者在选购二手房时应当注意以上这些因素的存在。

装修结构：二手房大都带有原装修,对于购买后需立即入住的购房者来说,就装修这一块确实可以节省一笔不小的开支。但是,对于想要重新装修的购房者来说,就要弄清楚已经装修过的地方是不是需要全部打掉,最好了解其住宅的内部结构图。包括管线的走向、承重墙的位置等,便于重新装修。

屋内配置：购买二手房时,屋内的部分配置(沙发、衣柜、空调、床、抽油烟机、燃气灶、热水器、电话等),通常情况下业主会折价或半卖半送给购房者。购房者切不可贪图小利,一定要仔细查看这些物品是否能用,再考虑购买与否。

房屋产权：近年来,在二手房交易过程中,出现因产权不清导致的纠纷呈逐年上升趋势,因此了解清楚房屋产权状况是十分必要的。第一就是要弄清楚产权证上的房主与卖房人是否为同一个人,并要求卖方提供合法证件,包括产权证书、身份证件、资格证件以及其他证件。第二,确认产权证所标注的面积与实际面积是否相符,向有关房产管理部门查验所购房屋的产权来源及其合法性。第三,确认产权的完整性,查验房屋有无债务负担,有无房产抵押,包括私下抵押、共有人等。在仔细验明所购房屋产权性质之后方可安全购买,以免日后发生纠纷。

物业杂费：算算水、电、气的价格,观察这些费用如何收取,是上门代收还是亲自去缴,三表是否出户。看看所购房屋的物业管理费收取标准是多少;小区是否封闭,保安水平怎样,观察一下保安人员的数量和责任心;小区绿化如何;物业管理公司提供哪些服务。同时,有车一族还要了解停车位的费用。如属高层塔楼,还需观察电梯的品牌、速度及管理方式,如何收费等,将这些杂七杂八的费用搞清楚就可以安心购买自己的小窝了。

不能忽略的省钱窍门

借钱一次性付款：借钱一次性付款未尝不是节省利息的方式,不过,借款之前一定要评估好自己的偿还能力。因为虽然亲人或者朋友当前可以借款给你,但是如对方发生意外事件,需要你马上偿还资金怎么办?因此,你需要留有一笔预备资金,以备不时之需。

各类费用打折:评估费、保险、中介费是每个购房者都不可回避的,但是每种费用都有回旋的余地。比如保险费。各个保险公司的折扣不同,发生的费用也不一样,一般可以打到9折;碰上抢客户的保险公司,6折也不是不可能。有些公司在特定时段会推出特别活动,中介费用也会减免,购房者可以多加关注。

与中介人员交朋友:就目前的市场情况来看,低价急抛的二手房已经不多。一旦出现明显低于市场价又适合居住的好房源,还是颇为抢手的,一般会在两三天就被消化一空。这样的房源一出来,中介人员无不希望这单生意在自己手中完成。因此,为了提高成功率,他们自然会将房源首先推荐给熟悉的、有购买诚意的客户。你不妨在中介公司多交几位朋友,这样,一旦有性价比高的房源出现,你将会成为第一时间知道此类好消息的人。

与中介人员交朋友还有一个好处,就是可以在平时随意的聊天中获得更多真实信息。要知道,中介为了促成成交,很多时候也是欺"上"瞒"下",玩弄小伎俩。而这些你可以通过平时的交流过程洞察其中的奥妙,等到真正交易的时候,就不会因不知情而上当受骗,多花很多冤枉钱。

购买二手房砍价有讲究

社会上有些说法,买房特别是买"二手房",胜败的关键就要看你杀价的本领,这话听起来不无道理,对于想做投资的购房者而言更是如此。只有买到便宜的房屋才有自己的利润空间,否则,抛出之后不但不赚反而还会赔本。

一般买房的技巧在于敏感地掌握市场动向,做到心中有数。同时,了解对方情况,知己知彼。其后,心要"狠"——狠狠杀价。

不过,二手房的房价也是有规律可循的。通常二手房的基准价是同位置商品房的七成,外加影响价格的其他因素:一是折旧费,每年折旧率为2%;二是户型因素,小厅、小卫、小厨房等"三小"套型的房子因功能落后要扣减10%;三是楼层,一二层如基准价,五六层扣减3%,七层减5%,三四层加价5%;四为朝向因素,没有朝南门窗减5%;还要考虑小区环境,没有物业管理和单独封闭的小区各减5%;属于重点中小学区域的则加15%;此外还要扣除购买旧房的心理压力因素8%。

目前市场上的二手房有两种卖法:一是房主委托中介售卖,由中介全权代售,房主规定价格底线,但中介可决定价格,获得提成和中介费。二是房主委托中介寻找客户,由房主与买方商谈价格。中介获得中介费。无论采取何种方式,卖方都会虚抬价格。买房者知道砍价,卖方最坏也能按自己的底线价格出售;买房者不砍价,卖方就赚了。

因此,在购买二手房时一定要做足功夫,才能胸有成竹,胜券在握。

直接和房主沟通

如果你到房产中介商那里,千万不要与中介商的销售员多费口舌,一定要直接与房主沟通,因为房主是最急需抛房的人,然后让卖房者打电话找你,千万不能自己先着急。

要表现出兴趣

二手房都是实物,一切皆可收入眼中。看房子时应表现出自己有兴趣,假若表现得太冷淡,卖方也会没有心思同你多谈。

了解房屋的弱点

一套房子的使用寿命为50年,每年有2%的折旧率。此外,每套老房子都有自己的弱点,如结构、采光、位置、交通、房屋质量、物业管理、周边环境等,若想在砍价时居于有利地位,购房者就应事先把握房屋的情况,如房屋的产权年限、出售原因、房主是否急于出售等,这些因素都有可能在砍价时起到意想不到的作用。房主多久之内必须卖房,对于杀价非常重要。愈接近期限,房主愈急切出售,这就是你最有利的杀价时刻。了解房主售得房款拟作何用途。如房主售得房款并不急用,则房屋杀价必遭许多挫折。

了解是否还有人出价

尽量搞清楚有多少人出过价,出价多少;弄清房主有什么附加条件,付款方式如何,是否是分期付款。这样你就能从容定下自己应该出的价钱。同时,最好了解房主当初购买该房时的真实价格。这样,在与房主的谈判中,你才能居于主动地位。更可以酌情提出砍价的理由。

开始砍价

这时,你要根据自己掌握的情况,逐一找出老房子的各种不足之处,如环境差、设备老化、朝向不好、室内装修较差等,但不要一次性全部说出,房主在你的步步紧逼下,会减弱自信心,被迫降价。对于长期上市仍不能卖出的二手房。你还可以再压低价钱。可能他们会说你乱砍价,不要理会他们,留下自己的电话号码,没准他们会打电话找你。同时多走几家,最少也要走十家以上二手房。

采用拖延战术

对于那些在总价上坚持不肯让步的房主,你可以采取拖延战术,一边讨价还价,一边拖延时间,只要不是特别抢手的房子,这种战术会非常有效。随着时间的流逝,必卖日期的临近,房主的心情就会越来越急迫,在价格上松口的机会也会大起来。你只要看准时机,伺机杀价购买。

了解房主的底线

这时不妨让自己的熟人出面,通过交情探听房主所能接受的底价标准,为大幅砍价做准备。同时,为了使自己居于主动地位,砍价时要多听少讲,不要轻易开口应价,要坚持不到最后关头不应价的原则。

解除房主的防备心理

砍价时最好告诉房主,买房的目的是自用,而不是为他人代买或投资。这样可以防止房主怕房地产经纪人插手牟利而故意不让价。

二手房省税容易,陷阱难防

如今的购房者支付一套二手房的交易费用,竟然高达房价的16%。这些费用一般包括:营业税及附加费(房价的5.5%)、个人所得税(房价的1%)、印花税(房价的0.05%)、中介服务费(房价的1%~5%不等)、按揭费(贷款额的1.2%左右)、交易服务费、产权登记费、测绘费、递件查册费等。其中,营业税、中介服务费和按揭费是三大费用支出。那么。有什么办法可以节省这三大方面的费用就是大家最关心的事了。

现在二手房交易市场上流行的三种避税方法,也许可以给你提供一些参考。不过,这些花样繁多的"避税"方法看似能够"省钱",实际上也存在很大的风险,稍不留神,购房者就有可能掉进其编织的"美丽"陷阱中。因此,购房者在运用这些方法时就更要小心谨慎。

假离婚

新政策规定,对个人转让自用5年以上,并且是家庭唯一生活用房取得的所得,免征个人所得税。一般来说,夫妻俩的第二套住房在转让时要交纳个人所得税。因为是假离婚,双方在办理离婚手续时对财产的分割不会作过多考虑。因此,离婚后一旦出现一方为了私利而拒绝复婚的话。另一方就很难维护自己的合法权益。

假赠与

对于继承和赠与房产,业主可不必交纳营业税及个人所得税,只需持双方的继承、赠与公证书,连同房产证、身份证、户口本,到地税局直接办理完税手续即可。由于赠与不是买卖行为,购房者无法办理贷款,只能一次性支付现金,压力会很大。而买方拿到房产后如果出现质量问题,在法律上不受保护,很难要求房主作出赔偿。

做低合同价

"做低合同价"是二手房市场买卖双方最常用的避税方式,通过在合理的范围内做低价格,买卖双方共同避开了一定比例的营业税、契税和个人所得税。

做低合同成交价以避税的情况如今十分普遍。从目前的二手房市场情况来看,上家的房屋挂牌价和下家的承受价差距很大。其中很重要的原因,就是上家要缴纳的税收比较多。尤其是购进不足5年的新房,营业税、差价税是一笔很大的开销。如果扣除这些税费,上下家的心理价格还是比较接近的。因此,为促进成交,只能在"避税"上作文章,这才导致了做低合同价情况的普遍出现。

做低合同价虽然的确能减少不少支出。但是对于上下家来说后遗症都很大。上家的后遗症主要在于合同价和实际成交价不一致,房产交易不是一手交钱一手交房,持续过程比较长,一旦过户手续办到一半,下家要求按照合同价支付房款,立马纠纷四起。对于下家来说,明明高价买房却写成低价,以后一旦要售出此房,在支付差价税、营业税等税收的时候就要多缴一笔冤枉钱,这笔冤枉钱说不定比现在省下的多得多。此外,如果买卖双方的伪造事实被发现,会根据涉及的金额接受不同程度的处罚。

假过户

因为二手房在相当长一段时间内无法办理产权过户，购房的产权并不是买家的，未来买卖双方无论哪一方反悔都会造成纠纷。如果房价上涨，房主可能宁愿赔偿违约金也不卖，买方只能重新选择房源。假如四五年后房屋获得房产证时楼价跌了，买家必然也不愿继续交易了。买卖二手房如不办理过户登记手续，房屋所有权就仍属于卖方。双方交易后，如果卖方再将房屋抵押或二次销售，买方就会被蒙骗并遭受损失。

根据上述的情况法律规定，我国实行房屋所有权登记发证制度，房屋所有权的表现形式就是房屋所有权证，它是国家依法保护房屋所有权人的合法凭证。也就是说，产权证上登记的房屋所有者是经过法律确认的、真正意义上的房屋所有权人，法律保护其合法的财产权益不受侵犯。而公证的程序仅能证明房产交易当事人之间有房屋买卖这一经济往来，只能对双方的交易合同进行公证，并不能证明房屋的房权归属，不具有对抗第三人的法律效力。

因此，在买卖二手房时，一定要及时办理过户登记手续。履行一定的法律义务，才能真正享有法律赋予的权利，使自己的合法权益免受不法侵害。

租房省钱有门道

一般来说，需要租房住的人不外乎这两类：一类是外地人，主要是刚参加工作的大中专毕业生和外来务工人员；另一类是本地人，多是刚成家但还买不起房的年轻人或不想与家人同住的年轻单身男女。这类人由于刚参加工作，所以绝大部分买不起房子，只好临时租房住；也有少数虽然买得起房子，但并不打算在当地安家落户，所以也租房子住。

不论是上面的哪类人，相信没有谁不愿意以较低的价格租到较好的房子。要想省钱，就必须知道是哪些因素决定了房租的高低，从而对症下药，找到减少房租支出、降低租房成本的方法。

列出自己的需求

在开始寻找自己想要的住所前，首先列出你所有的需要，这些需要因人而异。有些人只是想找个地方洗澡、睡觉、吃饭，而有些人是想找个合适的生活空间,可以用来工作、聚会、娱乐等等。在列举这些需要的时候,你再琢磨一下哪些需要是必须的,哪些需要是可以放弃的。这样,当你在选择房屋时,可以看看房子里有哪些自己必需的设施,有哪些是自己不需要的。

找房的渠道

一是通过社区宣传栏张贴租赁小广告的方式。相对来说房源信息较多,无需费用。然而也存在房源信息透明度不高,匹配度低,交易安全无保障的问题。

二是找熟悉的人帮忙。优势在于房源信息较安全,可信度高,交易安全有保障。无需额外费用。劣势是托熟人找房子,速度上会很慢而且容易拖欠人情。有时候一个人初到一地,几乎没有熟人或熟人不多,"资源"有限。

三是通过网络搜索。好处在于房源信息量大,速度快,匹配度也相对较高。缺点则是网络虚虚实实,假信息较多,无从查找房源信息的真正来源,安全无保障。

四是委托中介代理。优势是中介房源管理网络庞大,大型房产中介机构房源信息较多;租房时间短,可同时选择几套符合自身条件的房子,有实力的中介具备一定的风险赔付能力;可以签定合法的房屋租赁合同,能够保障租赁双方的安全性,减少纠纷。其劣势也很明显,即需要支付一定的服务佣金;个别规模小的中介存在操作不规范的现象,容易造成租房风险发生。

选好地段

租房前要清楚自己租房的目的是什么,离自己工作或学习的地方有多远,交通是否便利,周围的设施怎样。假如租房只是为了有个地方休息,而平时不在家做饭,也很少购物的人,房子周围是否有菜场、商场、银行等配套设施就无所谓,因为这些必定会提升房租的价格,所以可以租用地处偏僻的房子。同时,租房不应该只算房租的成本,还应该加上交通费、水电费、物管费等。假如租的房子价格上便宜了100元,但每月因上述因素要多花200元,就不合算了。

打好时间差

出租房也是一种商品,价格会受供求关系的影响有所波动。在目前的房产出租市场上,生意最好的时间段是每年暑假期间。这时,大批应届毕业生开始参加工作。还有一些大学生想利用暑假为考研做准备或者兼职,纷纷选择租房居住。因此,房子需求量大增,特别是7月,要比平时贵上100~200元,到8月底需求就有所下降了。其次是春节之后的一段时间,由于外来务工人员的涌入,改变了房屋出租市场的供求关系,使房租价格上升。

房租最便宜的时候是每年的年末春节前。这时,许多人特别是外来务工人员要回家过年,就把房子退掉了。此时。各房产中介所生意十分冷清。房租价格也会下降两三百元。其次,每年的春夏之交由于需求不大,房租也比较便宜。

因此,算好租房时间,善于打时间差,就能省下一笔钱。比如,7月开始租房的,可以先租3个月;到了10月份房租价格下降了,换一套住房再租3个月;到了下一年的元月,正是房租最低的时候,房源也较多,可以租到理想的房子。

选好面积

很多人会发现,租一个小小的房间可以为以后买大房子做好准备。一般来说,月租的多少是由房子的面积所决定的。虽然不同地段的房子可能情况不同,价格也不同,但是在相同的一个领域内,情况不会相差太多。这样的话,一般面积小一点的房子,价格会便宜一些。如果你不是太介意房间的大小,可以选择小一点的房子。

看好房龄

越新的房子越好出租,因为旧房子牵涉到厨卫用具的好坏,电路、水管是否漏水等问题。房龄在5~8年的房子比较好,因为这些房子一般位于成熟小区,而且家中的装修或家电也还可以用。

查看装修

房子的装修好坏、家具配备是另外一个影响房租高低的因素。装修精良的房屋要比普通装修的贵300~500元甚至更多。而配备了冰箱、洗衣机、电视机、空调、热水器以及厨卫设施的房屋,哪怕都是旧电器,也要比只有水电的白坯房贵上好几百元。甚至加上几张床,白坯房也能升值一两百元。

很多租房者都是单身人士,很多家电并不一定用得着。如冰箱,大部分时间都是空着的,而平时换洗的两三件衣服其实也用不着洗衣机。有的租房者认为,有必要的家电其实可以自己购买,搬家时可以再卖掉。如一张普通的床,硬板的大约在100元左右,软的为五六百元,如果算在房租里,即使每月多收20~50元,累计起来也是一笔不小的数目。考虑到这一点,租房时就没必要要求家具的全和新,完全可以租一套价格较低的简单装修房,再按照自己的需求购置家具,一年下来,购全套家电的钱也差不多省回来了。

谨慎签合约

在与出租人签租赁合同时,一定要把权利义务分清,以免产生不必要的纠纷。主要的项目有:房租、水电费、煤气费、电话费、有线电视费等。如何缴纳,每个月什么时候缴纳房租,房屋设施如非人为损坏由谁负责维修。房东提前终止合同该如何赔偿等。签订合同的时候还要标明房屋内设备的数量、新旧程度等情况,越具体越好。

此外,如果你觉得自己租房的时间会少于一个季度,可选择一月一签。否则,退租的时候你的押金会被当作违约金而拿不回来。

租房砍价有诀窍

租房与其他的消费方式一样,也存在着讲价的空间。同样的房子,采用不同的谈价方式,最终花的租金也不相同。只要掌握一定的技巧便可以降低租金,减少开支。

做有素质的房客

通常,房主对于租房人也是有要求的,他们虽然赚了租金,但是也想找个有素质的房客。有时候看起来素质较好的人比较容易谈价格。房主宁可少赚点钱也愿意把房子租给这样的人。

鸡蛋里挑骨头

租房时如果表现出很满意的态度,降价的可能性就小。你可以表现出不太满意的态度:如果租的是新房,楼上楼下的邻居装修会影响休息;如果是刚装修的房子,装修污染会影响健康;公交车站远、菜市场比较远、小区停车较多影响走路……哪怕是比较荒唐的理由,都可以提出来。同时表示自己也看了好几处房子,是想比较哪家的价格合理才租哪家,这时房主就会把价格降到底线。

讨价还价

不同的地段,不同的楼层,不同的朝向,房租差别也较大,即使是完全一样的房子,也可能有较大的差别。出租房挂牌的价格都是虚的,都是可以还价的。还价被拒绝并不会没有面子,不仅可以锻炼自己的心理素质,还能够以此要求其他优惠的条件。

争取较长的租期

房东作为房子的所有人,在租赁关系中处于优势地位。不少房东一般只同意出租一年,到期后,针对承租人不愿意费时费神费力搬家的心理,趁机涨房租。你可以提出租期为2年,如房东坚持一年一签,这时你再坚持也不一定会有理想的结果,因此不妨提出租15个月,一般人对这种幅度不大的调整要求比较容易接受。

不要担心租不到房子

如果你表现出不满,或是不能接受一些条件,不想租下房主的房子,他的时间和精力就算白花了,这种成本在经济上叫做"沉没成本"。不要担心自己租不到房子,当自己有坚持的态度,房东就比较担心房子不能马上出租。如果你坚持的要求与房东的要求差距不大,房东就比较容易让步。

以房养房的好策略

一般来讲以房养房分两种情况:一种是指自住用房;另一种是指投资用房。这里的自住用房主要是指在外地工作需要租房居住的人,与其将钱做房租送给房东,莫不如买套房子,用租房的钱去还房贷,这样房贷还完了就可以拥有一套自己的房子。还有,原有房子需要改善和扩大,手头上又没有足够的资金来买房子,也可以用以房养房的办法解决。至于投资用房,可以用一定的资金作首付,然后再用租金来还贷。

出租旧房住新房

如果你在中心区域有一套旧房,现在想要购置新房而月收入又不足以支付银行贷款,或是支付后不足以维持每月的日常开销,那么你就可以考虑采用这个方案,将市中心的旧房出租,用所得租金偿还购买新房的银行贷款。出租旧房住新房,能让你提前住上新房子。

出售或抵押旧房

倘若你想改善自己的居住条件,可手里又没钱,一时半会儿买不了新房。这种情况下,你就可以有两种办法解决这个难题:

如果将旧房子出售变为现金,就可以得到足够的资金。然后把卖房子的钱分成两部分,一部分作买新房自住的首付,一部分用来投资。

如果怕卖了旧房却一时买不到合适的新房住,就不卖房,可以把原来的房产抵押给银行,用银行的抵押商业贷款买房自住,然后再投资。这样,不用花自己的钱,就可以实现改善住房又当房东的梦想。

"以租养房"的收益计算

对任何人而言,房产投资都是一个家庭中的重大投资行为,因此要了解投资的收益。一般而言,以房养房的投资收益有以下两种计算方法:投资回报率分析公式:(月均租金-物业管理费)×12÷购买房屋单价。投资回收时间分析公式:投资回收年数=(首期房款+期房时间内的按揭款)/(月租金-按揭月供款)×12。

以上两种方法都有不足之处,它只能给出接近的结果供参考,并不是最理想的投资分析工具。最稳妥的办法就是,在还款期内如果租金收入高于月供钱数,就划算。如果租金低于月供钱数,就不划算。当然,这要在你租出去的前提下,如果租不出去就要自己埋单了。

"以房养房"需谨防风险

既然是投资就会有风险,"以房养房"也不例外。在正常情况下,租金收入+家庭其他收入(如工资、存款利息等)应大于还贷额+家庭的正常开销。在家庭收入和正常开销不变的情况下,租金收入越高,还贷金额越低,家庭财务就越安全。

房屋作为不动产流动性不高,要全面评估投资回报率,买房之前要对周边租金行情有充分了解,包括是否有稳定承租人、周围地带的市政规划怎样等。同时,按揭贷款要具备稳定的还款来源,租金收入不能作为主要还款来源,并结合自身收入情况,选择适宜的还款方式。

装修省钱有高招

装修原则

该用好材料的地方就得舍得用好材料,防止不要让人"黑"就行了;寻找一家态度诚恳报价合理的装修公司来替你装修,毕竟他们比较懂,但必须要货比三家;装修的利润主要集中在乳胶漆、打造门套面板、防水贴砖上,在这方面做足功课,可花简装的钱,买到精装的效果;现在装修一般是半包,房主自己买砖、地板、面板、进户门、橱柜等,其他都交由装修公司负责。特别要注意,有些地方重做时你一定要加强检查,如窗,特别是窗户防水,如果配合不好,就会影响防水和贴砖的美观度,如果窗扭曲,墙就会更难看。

小心提防

安装水电 这项家装是总工程费的10%左右,在这一项上,一般装修公司都不敢玩猫腻,但要严格要求走线的规范性,要能穿能引;电线、网线、有线电视线等也要求规范;电线平方数要比较充足。

如果你家在某一路线上的功率需求比较大,则可以要求电工多设线路,以保证用电安全;网络线和电话可以并用,但最好到电脑城购买AMP超六类线,否则不仅信号差,网速也很慢;有线电视线也要用好一些的;开关插座面盒要求用好的,否则安装面板容易滑丝;水管一般注意要求安装后试压!

瓦工注意事项 新房必须都做好防水处理,为安全起见一定要要求装修公司在厨房、卫生间贴砖水泥浆中加防水剂;在水管道走线和入口处刷上堵漏王;如果想要装修得经济实惠,建议墙砖买同一批次,无色差,无规格大小差;地砖一定要买品质较好的,否则时间久了会走样,用色最好选择比较淡雅一些的!如果客厅面积小,可用60厘米×60厘米规格的,反之就用80厘米×80厘米的镜面砖。镜面砖的挑选方法是在砖表面抹上钢笔墨水,能够轻易搽去的就是好砖。

木工注意事项 木板选材要用高温烘干的,以防走形。面板价格从高到低一般依次为白枫、红樱桃、红胡桃、黑胡桃。不过现在也有许多用混水清做的,可以不必考虑面板颜色,由漆匠做。如果面积较小最好选白枫或红樱桃的;家居市场上做的品牌橱柜一般都比较贵,而且材料也很差,空间应用也不高,所以最好量身定做。其材质注意要选用实木拼板,无污染气体而且价格便宜;如果厨房、卫生间、阳台安装的都是塑钢扣板,一定要用木龙骨,而不选用铝板;门套建议让木工做,便宜且质量放心,厂家做的烤漆门套良莠不齐。

漆工注意事项 油漆建议买环保的,如香港紫荆花中的绿色系列底面漆就很好。国产价格一般比较便宜,东西还不错。

购买材料的建议

厨房:洗碗池不用买什么品牌的,带好磁铁自己到大市场挑不锈钢的就可;卫生间:如果选择带柜子的洗漱池,需是用亚克力做的,但无需买名牌的。马桶买国产的就可以。不建议买浴霸,活动的暖风机会更加实惠。水龙头有很多便宜且质量不错的;阳台上的室内晾衣架,无需买自动伸降的,容易坏。到装饰城买几对带法兰的吸顶钢支架,再穿上不锈钢管就可以,会便宜很多。

合理安排是装修省钱的前提

装修前做出规划相当重要,如果规划不好的话就会使整个装修陷入被动,甚至刚开工不久就停工了,等有钱才能继续装。

那么,如何安排布置,才能让你心里有个"谱"。下面就给你提几条建议:

地砖省钱:小瓷砖经过特殊铺贴,既省钱又好看

地板、地砖、墙砖、移门、橱柜等等有个大致平方数。我们拿三室两厅来举例,三个卧室铺实木地板,客厅铺瓷砖,这个地板和瓷砖怎么去铺也是有省钱技巧的。

客厅基本都用玻化砖,效果比较好,但也很贵。有些人认为,砖越大越好,其实不是这个样子,仿古效果、田园效果、欧式效果的小空间,采用小的哑光砖也有非常好的效果,这需要运用些铺贴方法。追求温馨舒适的小空间适合用哑光砖,可用错缝铺贴达到特殊效果;也可以把砖加工成更小的,能做出来很多效果,也很省钱。

像阳台、厨房等地方用砖,也要有个规划。有人说阳台墙面一定要满贴,比如四四方方的阳台。考虑怎样去使用,满贴的功能是什么? 其实这个效果不是很明显,黏墙、砍墙,买瓷砖铺贴起码要五六百元。用砖目的是容易打理、防污染,而外墙漆也能满足这个要求,完全可代替。

地板省钱:建议买非标准板,注重铺贴效果

木地板根据自己的能力、资金、喜好来选择,在卧室地板方面还有省钱的方式。地板有个标准是90厘米长的,按照标准价,铁苏木大品牌要350元/平方米;木地板是90厘米长,也有很多人需要宽板、加长板。

其实真正在卧室里面,床、衣柜等等东西覆盖了很大的空间,暴露的地板面积是不多的。假如卧室15平方米的,一般剩下8平方米且是零散分布,剩下的空间不多,体现不了款板的大气,那干吗用款板呢? 如果选择60厘米的短板,效果也非常好。

所以建议大家在卧室里,同样价位,买大品牌的非标板,不要买小品牌的超宽板。大品牌在服务意识上更强,在安装上更有保障,小品牌没有养护的过程,板材只有经过养护期,木材变形率才小。

墙面的省钱:不要盲目地追求品牌

墙面并不是日常生活中所直接接触的地方,因此业主根据自己的喜好选择花色好看质量过关的产品即可,不需要追求品牌。

顶的省钱:花哨吊顶尽量少做

现在很多装修都流行吊平顶,装嵌入式样的灯,那样灯的成本和吊顶的成本就都高起来了。

装修中吊顶起遮掩原有梁和装饰作用,但小居室花哨吊顶既浪费钱又会显得杂乱、压抑,而且装饰射灯和水晶灯等不仅浪费电还很容易坏。许多业主花了很多心思和金钱去做了好看的吊顶,但日常生活为省钱往往不开射灯、大灯,这等于把原先的装潢浪费了。

建议大家对于一些小面积住宅只要做上能遮掩原有梁的简单吊顶就可以,不仅简单大方,还比较容易搭配室内陈设。

控制装修预算超支有秘方

目前家装市场上有很多装修公司,在报价上的差异往往也很大。许多业主遇到过这样的困惑:在同一个家装市场里,同样是面积为120平方米的新房,一家公司的报价是10万元,而旁边的另一家公司报价只有8万元。几乎相同的装修内容,在价格上竟然相差上万元。装修报价为什么会有这么大的差异呢?

据有关业内专家指出,在家装价格管理上,因为受地区差异的影响,国家并没有出台统一的报价标准,一些家装市场也仅仅列出指导价供消费者参考。但装修项目和工程量的多少是影响整个装修造价的直接因素,同时装修公司的规模、资质、等级、管理制度不同,它们的收费标准也有所不同。总体来说,装饰装修中的费用应该包括:设计费、主材费、辅助材料费、工时费、管理费和税金。但要提醒消费者的是,千万不要单纯以价格来选择装修公司。

那么,审核装修公司的报价应从哪些方面入手呢?

提防核实装修报价中的"加法"

有些装修公司尽管在初期报价很低，但在与业主签订家装合同后，往往会有很多增项，有些甚至是设计师故意丢、漏项。如本来是和设计师谈好的内容，然而合同中没有注明，而业主又没有注意到。这样尽管签订合同时价格并不高，但等到工程竣工时，业主才发现增加了很多内容，花销也会随之增加。最常见的包括：在签订合同前，装修公司并不报清水电路改造的价格，不分明暗管，而在最终的结算中全部算最高价；或在水电路改造施工时，有意延长水、电路管道的长度，业主因此受到额外损失。

提防核实装修工程中的"减法"

业主一般对木工、瓦工、油工等这些"看得见、摸得着"的常规工程项目比较注意，监督看得也紧些，但对于隐蔽工程和一些细节问题知之甚少。如上下水改造、防水防漏工程、强、弱电改造、空调管道等工程做得如何，短期内很难看出来，也无法深究，不少施工人员常在这上面做文章。又如有些公司规定内墙要刷3遍墙漆，但施工队员只刷了1遍，表面上看不出有任何区别，但实际上降低了工艺标准，这暂时看不出问题，时间一长，毛病就会暴露出来。

提防核实装修报价中的"分项计算"

有些公司表面做得比较正规，将某一单项工程随意地分解成多个分项，按每一个分项分别报价。业主通常会觉得选这样的公司是明白消费，却不知其中"猫腻"：如做门套，把门扇、门套、合页等五金件分别作为单独的项目计价，他们往往把一些分项价格都提高一小部分，业主不易觉察，就在这不知不觉中总体价格提高了很多。更有甚者，把安装和油漆的人工费也作为一项收费内容让业主再次交钱。由于受专业知识的限制，业主往往不能识别这其中的秘密，也说不出这种报价不合理的原因，因此也就只有交钱了。实际上，这种分项计价很容易重复计费，使得大部分消费者被"宰"还不知所以。

尤其是某些装修公司一上来就给你打8折甚至更低，这个时候，就需要多个心眼了。在施工的过程中，装修公司一定会慢慢地添加各种项目，把自己的损失赚回来。最后一核算，不仅没省钱，很可能还让业主花了更多的装修费用。

简约装修,花小钱省大钱

装修时,一定要有主心骨,捂紧自己的钱袋子,不要被装修公司或装修散工忽悠了。有些设计师为了提高造价,往往怂恿消费者在装修设计中增项。通常增加的项目都是不实用的功能或表面陈设,所以一定要把好设计关。应提倡简约、实用的设计原则,简约装修不仅减少浪费,还可以减少污染,因为装修材料用得越多,污染程度就会越高。

装修设计时一定要仔细考虑各个环节,尽量一次定夺,避免装修过程中再进行修改,造成一些不必要的浪费。

设计时就应本着节约的目的,例如在装修厨房时,可以将橱柜遮住的地面和墙面贴上廉价的地砖和墙砖,而露在外面的部分用精心选购的好砖。

在目前标准楼层普遍偏低的情况下,中小户型如果一味要求吊顶效果,可能会适得其反。背景墙在营造室内氛围上有很好的效果,但打造一面漂亮的背景墙耗资不小,因此,在设计时可以考虑用不同颜色或材质的墙面、壁纸代替,即便时间久了不喜欢了,更换起来也很方便。至于木质造型,虽然可以增加室内的格调,但一方面造价偏高,另一方面容易过时,更换成本偏高,放在中小户型里,反而显得累赘。

找合适的替代品也是一个好的方法。一般人喜欢大理石光滑的质感,有些屋主希望客厅能铺上大理石。但因为大理石不含施工,光材料就很贵,建议采用抛光石英砖代替,就可以省下不少银子。

另外,为了节约设计费用,大家可以到处看看,因为各大装修公司的样板间都是免费开放的,还有免费的班车接送。言语上敷衍装修公司的同时,要留心观察别人好的装修方案。

装修过程中可省的钱

展示柜不做壁板

木板要省钱也可以在壁板上动脑筋。柜子钉壁板除了有防潮的功能外,还有受重的考量。若壁面没有渗水的问题,没有放置重物,就不用钉柜子的壁板。像主卧里的展示柜,主要是要让屋主放置个人收藏品以及化妆品,所以设计师并没有钉上壁板,这样既省钱又有美感。

厨房设备用国产货

厨房要省钱一定要从厨具以及瓷砖下手,考虑到预算,设计师全部采用国产用品。本来台面是用珍珠板,但预算又不足,就选了人造石台面。其实人造石台面的性价比是很高的。

三面铝窗造型最省钱

阳台上,本来装有铝窗,但因为太过陈旧,设计师将原有的铝窗拆除,再换上新的铝窗。铝窗最省钱的做法,就是用三面铝窗,搭配5毫米厚的强化玻璃,若是用格子造型的铝窗,价格得贵1倍。

格子玻璃取代格子落地门

通往后阳台的落地门,屋主本来希望能做格子状的落地铝门,但预算实在不足,设计师便用格子玻璃来代替,一样有格子落地门的效果,价格却省了一半以上。

隔墙做更衣室

更衣室比做衣橱便宜,设计师便从儿童房隔出3平方米的空间,用木做夹板隔出更衣室。为了美观,设计师还特别在壁板上挖了洞作造型。

玄关隔屏用鞋柜取代

为了不让来客一眼就看到客厅,屋主一直希望入门处能做玄关隔屏。考虑到实用以及预算,设计师建议用鞋柜代替。虽然鞋柜的价格比玄关隔屏贵,但比较实用,最重要的是省了玄关隔屏的费用。

抛光石英砖取代大理石地板

喜欢大理石光滑的质感,屋主一直希望客厅的地板能铺上大理石。但因为大理石就算不含施工费用,光材料就很贵,预算不允许。设计师便建议采用60厘米×60厘米的抛光石英砖代替,当然就省了不少花销。

仔细量房，做好装修费用控制

当业主与专业设计人员接触后，如果心中已经认可该公司以及设计人员，这时交纳完量房订金后就开始进入房屋实地测量阶段。大多数业主认为量房是一个非常专业的工作，仅仅是对设计师作设计起到作用，但实际上量房工作的仔细程度对于家装费用的控制会起到很重要的作用。

一般量房时业主都会与设计师到新房现场实地测量，对房屋各个房间的长、宽、高以及门窗和暖气等设备的位置逐一进行测量。业内专业人士提醒，业主对于所得数据也要进行记录，作为后期自己审核预算表中工程量的一个依据。同时业主在做好记录工作的同时也要注意和设计师就一些项目工程量的计算依据进行沟通，比如：乳胶漆，表面上看是墙面的长×高就可以了，但是这个"高"应该是减去将来地面处理高度后的净高，而不是现在的原始高度。这些虽然都是一些很细小的费用，可能很多业主都不是很重视，但费用控制就是要"钱花在刀刃上"，该花的一定要花，不该花的最好一分都不乱花。

到达新房现场，应该让设计师对他设计中的造型部位进行描述，业主可以依据现场的空间来感觉该设计是否合理可行。这时一定要注意这些造型的边缘收口处是否合理，这是一些经验不丰富的设计人员容易忽视的部位，这些忽视会造成业主后期为了弥补这些缺憾再次发生费用支出。

同时，在进行量房时，业主应要求设计人员仔细关注房屋主体的现状，观察地面、墙面、顶棚的平整度误差是否很大，墙面空鼓、裂缝程度如何，卫生间的防水情况以及在预备装淋浴器区域的墙面是否已作防水等。这些部位如果需要特别处理应要求设计人员将这些费用也一并计入预算报价中，因为当这些都进入预算报价的时候，这份报价才是一份较为真实的报价。

节能装修，快乐生活新主张

在新房装修时，我们就应该打好节能基础，业内专家建议，关键是在设计和施工时做好保温、节水和节电三方面的措施。

保温措施

如果原有的外窗是单玻璃普通窗，那么装修时最好换成中空玻璃断桥金属窗，并且在东西向的窗户外安装活动外遮阳装置。选择窗帘时也尽量选择布质厚密、隔热保暖效果好的窗帘。如果原有墙面有内保温层，在装修时注意不要破坏掉。如果设计方案是将阳台与居室打通，就要在阳台的墙面、顶面加装保温层。在铺设木地板时，可在地板下的格栅间放置保温材料，如矿棉板、阻燃型泡沫塑料等。在订制大门时，可要求生产厂家填充玻璃棉或矿棉等防火保温材料，门窗都要加装密封条。家住顶层的住户，还可在吊顶时在纸面石膏板上放置保温材料，以提高保温隔热性。

节水措施

这一重点主要是控制好厨房、卫生间设备的选配与安装，最好安装节水龙头和流量控制阀门，选用节水马桶和洗浴器具。传统观念认为，使用淋浴比较节水，但从实际运用情况看，安装新型的节能浴缸并与淋浴配合使用，节水效果会更好。目前一般家庭厨房和卫生间使用的水龙头都是扳把式的，这种水龙头操作起来很难自如地控制流量。因此，可在橱柜和浴柜的龙头下安装流量控制阀门，这样就能根据住房的水压合理控制水流，达到节约用水的目的。除此之外，还要尽量缩短热水器与出水口的距离，并要对热水管道进行保温处理。

节电措施

装修房子除了要选择节能型灯具外，还要选择有调光功能的开关，以实现有效节能。客厅内尽量不要选择式样太过繁杂的吊灯，卫生间最好安装感应照明开关。另外，尽量选择节能的家用电器，合理设计墙面插座，尽量减少使用连线插板，应选择有控制开关的插座，平时使用时不宜频繁插拔。

装修省钱要从选材开始

对装修而言，选择装修公司价格高但省心，如果想省钱还得找装修队。装修队施工方式一般分为包工包料和包工不包料两种。一些装修公司和装修队在接活时，都热衷于包工包料。一般来说，他们都是先和材料厂家谈好回扣的，买料的回扣一般在5%左右。

当然,如果选择包工不包料,那就意味着瓷砖、瓷片、门等装修材料都由自己去选购,那需要花费不少的时间成本。平时工作忙、没有太多闲暇的消费者,只有在自己对装修材料懂行的情况下,才能选择包工包料的方式。要切记,与装修公司签订装修合同时,应指定自己信任的建材品牌,并写入合同,之后还要到现场验收。

如果对装修材料不懂行的话,可以先做些功课。注意不要去无执照的建材小店,而要选择一些上规模的建材公司或是品牌店。购买时一定要索取发票,以备日后产生各种消费纠纷时维权之用。大概可以从这几个方面来选购材料:

尽量到稍远的市场淘货

"到各大建材、家具卖场砍价淘货其实挺有意思的,不但可以货比三家选到质优价廉的货品,还可以偷师学艺。通过自己一个个卖场的逛下来,其实自己对房子的设计已经心中有数了。"有些人认为,装修的快乐在于奔走于各大卖场之间,在成堆的货品中挑选对比,然后再进行综合考虑作出决定。

这里面还有一定的规律可循:一般以市中心为原点,以市中心到郊区为半径,半径越长的卖场价格相对越便宜,因为一些建材、洁具生产厂家的直销点或经销商一般都设在边远地方的卖场,所以直接到这里拿货价格可能会有更多折扣。

通过团购来达到省钱的目的

团购单单仅限于用在购买生活用品上,也可以用在室内设计上。同一社区如大家有新屋装潢需求,集合邻居力量团购,室内设计公司可以为客户争取更多的优惠折扣。大家也可借此增进感情、熟识,彼此之间互相帮忙监工,依照每户作息时间不同,可随时关心工程进度,发挥个体结合为群体的优势力量。

上网寻找优惠促销的信息

例如商品的优惠促销广告、商品的测评报告、商品的介绍、网友的经验、网友的推荐等信息,它可以使自己有效避免购买不适合的产品,有效避免由于知识的缺陷而上当受骗,除了上网逛各种装修论坛吸取大家的装修经验以外,还可以向各位有过装修经历的朋友进行请教,从而节省时间节省金钱。

不妨选大公司二线品牌

洗手盆、浴缸、坐厕等厕所洁具,以及瓷砖、地板等材料,这种装上去就不方便拆换的物品一定要选品牌货。

因此选购的原则通常是,厕所洁具一定选大品牌的打折货。厕所和厨房的瓷片、瓷砖方面,选择知名生产厂家的二线品牌。陶瓷生产厂家比较知名的往往是1~2个品牌,但其实他们生产的牌子远不止于此,往往有4~5个品牌,都是一条生产线出来的。瓷砖、瓷片出口往往容易遇到反倾销措施,一个品牌倒下来了马上有另外一个品牌顶上。其实,大生产厂家的二线品牌往往性价比更高。

挂在墙上的装饰品以及窗帘、灯具等,则可以选择较便宜的,因为这些物件修理更换很方便,而且时间长了总会有审美疲劳,要换也不会太心疼。

家具DIY统一风格

至于家具方面,除了到卖场买现成品以外,现在也流行DIY。它的好处在于:价格方面不仅会更理想,而且更具个性化和差异化,也更容易统一家中的风格。

不该省的地方不能瞎省

装修省钱虽然重要,但装修质量更重要,要知道过硬的质量其实就是在为未来的维修省钱。因此,基础工程要扎实,千万不能省。

基础工程包括结构改造、水电路改造、防水工程、墙面施工等。这些地方是不能省去的,省去之后说不定会带来更大的麻烦,可能还会浪费钱财。如果你买的房子户型不是很合理,最好在家装时就改造,省得日后住着麻烦。基础工程中,水电路改造是花钱最多的环节,很多人觉得没必要,就把这个环节能砍就砍,能省就省,其实这是错误的,因为这个环节对日后居住的便利非常重要,现在省钱了,日后就不省心了。因此,装修前要找装修公司,利用原有的线路,做好水电路改造的设计工作,设计原则就是保证日后使用时的方便实用。卫生间的防漏工程之重要,已经没必要强调了,别忘了做好闭水试验。

总体来看,家装还是一定要找施工品质过硬的装修公司,毕竟这些公司有经验、有质量、有信誉,而且在后期的维护中有能力。

选择一款适合自己的装修方案

无论是设计师还是装修公司,大家都出于盈利的本能,都会在最初的报价上列出一些可要可不要的项目。这时消费者就要擦亮眼睛,删去那些可有可无的项目,以节省开支,但也不是所有东西都能省,消费者在和装修公司洽谈合同时,事先要心中有数:像人工费用和装修主材的质量是不能省的。现在有些装修公司为降低成本,往往在代购材料时选择伪劣产品,以次充好来牟取暴利,所以,在报价单上,消费者一定要让装修公司列出所代购主材的品牌,然后找懂行的人咨询或亲自到市场上去调查,弄清楚这些主材是否货真价实。

地砖

地砖是易磨损件,太低档的一般不耐磨,时间一长容易刮花,看起来"伤痕累累"。这时候再想换,就要一块一块凿起来。而且,太便宜的地砖多半不防滑,容易造成意外伤害。而高档的品牌地砖质量和品相都有保障,所以,买地砖万万不可贪图便宜,马虎了事。

电线、水管

电线、水管也是一项大支出。正是因为是"大支出",有人往往不太关注质量,而只看重价格。俗话说一分钱一分货,一味贪图便宜,质量就难以得到保证,电线、水管如果质量不达标,装潢后将会给生活带来极大的不便,甚至成为安全隐患。

电源插座

随着家居电器化的发展,家用电器会越来越多,一旦有了新电器却没有插座,要想再安装就难了,只能在地板上拖一条移动插座,难看不说还容易绊脚。另外,还要尽量避免几件家电同时使用一个插座导致超负荷,引发事故。正确的做法是:根据住房面积,按照专业电工的设计,再综合家庭实际电器数量,合理安置电源插座,并留出一些待用插座,以利于将来的扩容。

切忌在辅料上面省小钱

基础工程有多重要就意味着辅料的使用有多重要。在众多的辅料中,有一些是尤其值得消费者注意的,因为它们关乎装修的安全使用、效果呈现和环保质量,这些也是绝对不能计较花费的地方。

通常辅料由家装公司施工队配送,但专家提醒消费者,为了自己家未来的环保,要多把关。

第一,防水涂料。这种涂料使用最多的地方就是卫浴间和厨房,防水层需要一定的厚度,材料的使用量就会相对较大,同时一些含有焦油的聚氨酯类防水涂料焦油气的分子量非常大,且易挥发,容易在室内沉积,因此,一旦使用了劣质防水涂料就会长时间地污染室内环境,同时防水效果不好造成渗漏,再好的装修效果也无济于事。

第二,防火涂料。做暖气柜、吊顶,铺装实木地板时,都要使用木龙骨,除了要注重木材的好坏外,为防火需要,消费者还应注意木龙骨应刷一两遍防火涂料,所有的木工活都要使用防火涂料,因此质量过关的防火涂料也显得尤为重要。消费者在选择时,应该同时兼顾防火性能和环保性能。

第三,勾缝剂。它通常可分为无沙勾缝剂和有沙勾缝剂两种。据了解,无沙勾缝剂适用于缝宽1~10毫米,颗粒小,耐擦洗,如果缝宽相对较大,使用无沙勾缝剂不仅费料而且容易造成开裂。而有沙勾缝剂适用于缝宽10~12毫米甚至更宽。好的勾缝剂不但牢固、美观,防水性能也很强,它有时甚至可以弥补防水层的一些瑕疵,因此,消费者还是应该选择那些比较细腻,而且比较牢固不易脱落、使用寿命长的勾缝剂。

总而言之,"省钱"应该是指合理用钱,把钱花在刀刃上,而不是以低质、低效为代价。在装修的重点问题上,不该省的钱是不能省的,该省的一分钱也不应多花,这是现代人的意识。如果一味追求"省钱",最后得到的可能会是一个麻烦的家。

婚宴花钱花在刀刃上

结婚前总有不少准备工作,不但伤神更伤财,让年轻新人望之却步,不知该怎么应付这些支出。虽然可以寄希望在宴客时回收一些,但能持平吗?如果不能持平,新生活一开始,岂不是就得为了还账伤脑筋?

未雨绸缪省钱第一

对于一对新人来说,筹备婚宴的时间越长,所省的钱就越多,这是因为你们可以有充足的时间去比对各个服务项目之间不同的差价和优惠,找到一家真正性价比最高的,总比时间紧迫,手忙脚乱地乱选一家要强很多。

请了婚庆公司,一般婚庆公司提供的录像服务一般都是按六个小时计算的,如果超过了这个时间则是要加付费用的。一般情况下,只要合理安排好拍摄程序和路线,是可以避免付超时费的。

结婚用的喜糖,虽然市面上有卖,但如果小夫妻俩买回糖来自己包,想必是有别样的浪漫吧!虽然可能会辛苦一些,但或许就是日后美好的回忆呢。更重要的是,每包大概都能省下伍角钱。

婚车也没必要包整天,选择"小时计费",将新娘接完后就可以还车,使用时间估计也就两三个小时,省下的费用又有近千元。

新娘的婚纱,租的价格大多在500~800元之间,只穿那么一下,这个价位真是有些不划算的。不如到附近小一点的城市去买,或者去本城较便宜的市场,顺便操办一下其他的结婚用品。买来的衣服不仅干净卫生,还有保存的价值。到度蜜月的时候,还能穿着再拍点外景。拍婚纱照的时候选择小套系也能省不少钱。

其实总而言之,只要不是太夸张的婚宴,新人最后大多能靠着礼金打平,甚至还能小赚一点。所以荷包吃紧的新人在安排自己的婚礼时,最好本着一切从简的原则,不要铺张浪费,牢记着,越简单的婚礼,支出就会越少。

邀请宾朋有策略

如果小两口经费有限,自然就不能将所有认识的人都一一请到,更不要说还要考虑礼金的收入来维持收支的平衡,所以这个时候,就要在邀请宾客的方面讲究点策略了。

首先要多请朋友,少请亲戚,通常前者在礼金方面较阔绰,而亲戚则往往给比较少的礼金,所以亲密的朋友要尽量多请,对于那些八竿子打不着的远方亲戚大可以不必请到。

再者就是请单身人士比请有家有室的人要划算,一般单身人士都会给比一般公价礼金更多的数目,而结了婚的人可能礼金会打折扣,更有可能将全家都带来,让你猝不及防。

如果有生意来往者,还是能请就请,一来可以借机联络感情,二来这类宾客通常礼金会比较豪爽。

估算喜宴桌数有学问

估算喜宴桌数是新人最头疼的一件事,订多了浪费,订少了客人没地方坐,又会非常失礼。一般来说,新人可以依照放出的喜帖打八到八点五折来计算,比如说发了300张,到场的客人大约就是160人~170人左右。

　　不过如果新人的朋友都是以团体计算,比如说上学时曾经是某社团成员,或是教友之类的,因为有团体力量及感情,客人出席率会比较高,可以打九折计算。而如果发的帖子都是给小学同学啦,以前的同事啦,或是很久不联络的,大概就要打到七折了。如果要更谨慎一点,最好在宴客前一周打电话给来宾,邀请并确认对方是单独前往或阖家光临,不但可以确实掌握来宾人数,还可以顺便联络感情。另外在估算喜宴桌次的时候,可以一起算算回收金额,一桌坐十人的话,平均每桌大约可以收两至三千。例如一对新人预计请三十桌,就有五到六万的收入,保守一点的做法是打八五折,也就是会有四万到五万入账,新人可以以这笔金额为基准,开销必要项目。

喜宴省钱有窍门

　　结婚开销最大的就是喜宴,因此新人最好提早开始准备,多参考几家饭店的价格和菜色,除了因为提早订席会有比较大的议价空间外,也有更多时间利用饭店的促销方案,比如有些酒店,客人设宴如达到一定数目,酒店会赠送其他结婚服务,像一天客房免费住宿或是婚车免费使用之类的优惠,在订酒席时可多做比较。如果新人整体预算不足,其实不一定要在大饭店请客,不少口碑不错的餐厅,近年来也得到新人的青睐。餐厅的排场虽然不如饭店,但同样的菜量和材料,价格却比饭店便宜不少,水酒饮料的议价空间也大得多,同样的菜色美味可口,绝对是货真价实,而且服务费可能会较少甚至根本没有,新人不妨多多考虑。

　　具体说来,喜宴上的省钱方法非常的多,只要新人够仔细,一定可以既让来宾满意,又让荷包不会太受伤。

　　点菜时要注意,尽量选择较便宜又实惠的菜式,比如乳猪不要整个,要拼盘,海鲜不要老鼠斑,要红鲔,其实味道差不多,再有就是减少菜式的数目,其实只要让客人吃饱,客人是不会介意有多少道菜,或者菜式是多么花哨的。

　　另外如果可以和酒店商量,自带酒水,并且争取免收酒水的开瓶费,自备香烟、瓜子、糖果给早到宾客享用,也是可以省下不少的。

不放过任何省钱的细节

　　付款方式也是新人省钱的一大窍门,无论是喜宴、结婚蛋糕或其他开销,能用信用卡或支票的,就绝对不付现金,因为喜宴收入要到结婚当天才出现,之前的准备工作如果不刷卡,势必得再准备一笔周转金;若是使用支票,最好也和店家商量，兑现时间能挪到婚礼后。

对于不迷信的新人，最好可以选择在淡季结婚，不仅不用和其他新人相撞，更能得到更多优惠。

针对孩子的特长培养是省钱的教育

父母们要了解孩子的优势和天分所在。父母们可以根据孩子的特长，为孩子制订更加完善和科学的培养计划，这是一种最省钱的教育模式。

每个孩子身上都有长处和短处。如果人的一生注意发挥自己所长，利用好自己的长处，就会出类拔萃。父母要培养孩子的特长，难道可以不去留心一下他们身上有哪些长处是可以发展为特长的吗？

一般来讲，每个人感兴趣的东西未必适合他去从事，只有对适合自己做的事情有兴趣的人，才能胜任他所从事的学习和工作。

特长又称为"性向特长"，是指完成某一特定的活动所必须具备的潜在能力。在与自己性向特长相吻合的事业或专业领域内，往往可以比较快地获得成功。

正确选择了符合自己孩子的兴趣特长专业，兴趣会成为他执著努力的强有力的动力，在未来的学习、工作中无疑可以扬长避短，充分发挥自己的聪明才智，取得好的成绩。

如果父母毫无目的地培养孩子，今天想要孩子学习画画，明天想要孩子学钢琴，这不仅花费很多的冤枉钱，而且孩子也难以成才。

因此父母们要为孩子规划个性化教育路线，选择最适合孩子自己的发展方向，建立科学有效的培养计划，有效促进孩子成才。

父母平常要注意为他们提供各种学习的条件和施展才华的机会。然后在这些过程中，观察了解孩子喜欢干什么，擅长干什么，再因地制宜、因势利导地培养孩子发展他们的长处。

花最少的钱招待好朋友

自古以来,中华民族就是一个好客的民族,请客吃饭是每个人都会经常有的事,会请客你就能花很少的钱让朋友吃得美滋滋,不会请客花了冤枉钱也没人称好。下面就教你几招款待亲朋时的省钱绝招。

地道本地特色

每个地方都有本地最地道特色的餐馆,请异乡的朋友品尝本地特色,也会是一种让人满意的安排。本地风味更注重地道的口味和当地文化气息的营造。虽然装修、装潢上并不高档,但可以让人直接感受当地的人文特色,从而掩盖可能档次不高的缺陷。

寻根家乡菜

招待亲朋时,最讨巧的方法就是请朋友吃他的家乡菜,这样一来不但吃得亲切,还能显示出你对朋友的贴心。现在各大城市都涌现了各种地方风味的饭馆,这些以风味取胜的餐厅,最大的特色就是请当地的厨师,做出基本上原汁原味的家乡菜。而最关键的是,家乡特色餐馆的独特风味可以掩盖档次不高的缺陷,这样就会让你明正言顺地省到钱了。

亲情DIY

如果自认为自己做饭的手艺还不错的话,在家中DIY绝对是招待亲朋的省钱首选。自己购买原料,自己动手制作,不但可以省不少钱,而且朋友们也会觉得比在饭馆里舒服得多。大家饭后,围坐在沙发上,还可以再喝喝茶、唱唱歌、聊聊天,又节省了饭后不尽兴而四处寻找酒吧的费用。

回归校园餐厅

如果是大学同学聚会,在学校的食堂聚餐是一个不错的选择。食堂的菜肴虽然味道并不很可口,但数年同宿共读的生活很难从记忆中抹掉,甚至可以勾起对大学时代的美好回忆,对每个同学来说都是快乐的事。

尽情享受优惠

现在很多单位都会有一两家合作餐馆,以解决单位必要的招待餐,通常在这样的餐馆吃饭,都可以享受到打折的优惠。另外,一些餐馆也会不定期推出打折的优惠券、现金券,也可以帮你省下不少钱。

驾车到郊区消费

带朋友去郊区游玩,最容易显出你做主人的热情,而且也是一个很有情调的安排。郊区的饭馆一般味道不错,价格也比城里便宜上1/3甚至一半,而且酒水是吃饭开支中的大头,以开车不宜喝酒为名,能够帮你轻松节省大笔酒水费。

充分享受老顾客的便利

平日里懒得做饭的时候,上餐馆吃饭是再正常不过了。而在这些自己比较熟悉的餐馆宴请宾朋,只要提前与老板打个招呼、商量一下,通常可以享受一定的优惠,而且因为是老顾客,老板招待起来一般都会很尽心,让请客之人感觉很有面子。通常情况下,老板为了招揽生意,也会采取其他方式,比如送一道菜、菜量加大等,都可以多少为你节省下来一定的费用。

酒吧AA制大聚会

酒吧、KTV包房已经成为了都市夜生活的主力军,同时由于不同风格酒吧努力营造的风格各异的氛围,也成为聚会、交友的最佳场所。一同前往酒吧的大多是自己熟识的好友,大家常来常往,因此在这种环境下很容易实行AA制。有吃、有喝,又可以尽情聊天,是很不错的聚会选择方式。而KTV包房等目前都采用时段优惠,也可以节省不少费用。

充当组织者

这个方法看上去有点投机的味道,但是却是最直接的省钱方法。通常在组织聚会前,大家都会有一个明确的分工,比如有人负责联络,有人负责埋单,有人负责接送。聚会的人比较多时,如果想省钱又不希望朋友觉得自己怠慢对方,最好的方法就是充当组织者。当然,几个朋友偶尔的聚会中也要适当掏掏腰包,以免大家对你产生想法。

品味高档自助

如果你要宴请的朋友对格调要求很高,那么最好的方法就是去宾馆的高档自助餐厅。与普通餐馆相比,这里的档次高、氛围很好,而且很有情调。最主要的是在自助餐厅里吃饭花费有限,而且开支在事前就可以一清二楚。

省钱全能餐厅

这是以旁支业务掩盖了吃喝的不够丰富,可以烧烤、蒸桑拿、休闲运动、按摩,每位的花费才几十元,但不了解内情的人还以为你花了很多的钱,感激不尽,而且环境很好。

免费会餐

最省钱的方法就是不花钱。赶上你到外地开会时,最好的方法就是叫上朋友一起会餐。但是大前提是,你的确因为开会忙、抽不开身,而且在当地驻留的时间比较短。否则让朋友以为你故意怠慢而产生想法,那就得不偿失了。

以上这些招数运用得当,不但可以为自己赢得一个有情有义的美名,还可以为自己的腰包省下不少的钱,大家何乐而不为呢?

既交友又省钱的拼客生活

拼客是一种新兴群体。所谓的"拼",不是那种的拼命、拼杀、拼死,而是拼凑、拼合的意思。这里的"客"代表人,因此,拼客就是集中在一起共同完成一件事或活动,实行AA制消费的一群人。这样既可以分摊成本、共享优惠,又能享受快乐,从中交朋识友。

当前社会出现的拼客有拼房、拼饭、拼玩、拼卡、拼车、拼游、拼购等等。

拼房

即找人合租房。这种租房形式比较适合刚参加工作,收入不高的年轻人,只要在拼客网站上发帖子,很快就能找到"拼房"的伙伴,以此分摊房租,节省开支。

拼车

即在起始地和目的地相同或顺路的情况下,几个人结成伴,一起搭车上路,车费均摊或根据路程远近,按比例分配出租车费用。平日上下班拼车、周末郊游拼车、长假回家拼车、出差办事拼车……拼车,只为舒适、快捷,又实惠。

拼学

即一起结伴考研、学英语、上培训班等,可以互相分享学习资料,交流学习心得,既省了钱,也避免了一个人学习的枯燥。几个学生一起请家教,学生之间互相交流,共同成长,比单独请家教所支出的学费相对减少很多,老师的收益也会有所增加。

拼购

即集体采购，也就是有共同购买需求的人，大家拼到一块儿去买所需物品，这样既可以大幅降低成本，又有一起砍价购物的乐趣。

拼餐

上班时不爱吃工作餐，可以在网上找几个人一起去饭店包餐，非常划算。离家在外的打工者，节日很孤单，找几个朋友AA制拼餐，出一份钱便能吃到各种特色菜！这就是拼餐！吃一桌子的菜，只需花一道菜的钱！吃只烤全羊，只需付只羊腿的钱！

拼卡

即让"卡"发挥最大价值！现代都市人，谁的口袋里没有几张卡，拼卡是指两人或多人合办一张卡、共用一张卡，也可以是各自不同的VIP卡相互借用(助人又积分)，比如购物卡、游泳卡、健身卡、美容美体卡等，这些卡一般有使用期限，一个人很难在规定的期限内用完一张卡的使用次数，难以发挥卡的最大价值；几个人合用一张卡，就可以降低每个人的成本。

拼婚

即婚期接近的几对新人，通过一块拍婚纱照、一块买家具、一块租婚车、一块订酒店等等，获得单独购买不可能达到的折扣。还有就是"拼缘分"，是指有情感需求、尚是单身的青年男女在拼网的拼婚板块上发布个人交友信息，寻找中意的另一半。

拼游玩

紧张的八小时工作之后，繁忙的工作日以外，都市中的人们需要活动筋骨，夜晚唱歌、蹦迪，周末打球、爬山、逛街，长假尽情旅游等等，但这些活动一个人玩没意思，拼游、拼玩就不同了，拼个兴趣爱好相同的小团队，一起运动、娱乐、旅游，乐趣无穷。

拼书碟

成功人士哪个案头书柜没有几套哈佛工商管理教材？都市白领谁家没有一堆时尚杂志？还有层出不穷的最新大碟。需要和想要购置的图书、杂志和影碟实在是太多。尤其是那些让人眼花缭乱又价格不菲的时尚杂志，每次看到就会心动，当然不能全买下来。找几个志同道合的伙伴，每个人买一本，轮着看，花一本杂志的钱看两本以上的杂志，既省了钱，又丰富了谈资，可谓合理的资源配置。既然内容大家都看过，自然就有了话题，而有了深入的交流才有深刻的认识。拼书、拼碟,既省了钱,又深交了朋友,实在是一件大好事。

拼二手

相信每个人手里都有一些闲置不用的东西,如手机、电脑、电视等,或者想换新的,旧的又不知如何处理;也总有一些人因为种种原因需要这些二手货,如二手车、二手家具、二手书等等。闲着总是一种浪费,何不拿来晒一晒呢。

拼客不仅是只属于现代人一种精明的理财方式。同时也是一种新型的交友方式。或者可以这么总结:AA制只是一种消费观念,而拼客已经成为一种生活方式。

恋爱中的省钱术

说起谈恋爱,就不得不提那处于热恋中的男女总想以鲜花、礼物或出入酒店、咖啡厅等进一步稳固情感,尤其是男性,在女友面前特别在意"面子",即使囊中羞涩也不惜"打肿脸充胖子"。但男士们不要认为钱花得越多,就越能代表对恋人的感情,把恋情建立在金钱基础上,长久下去会令自己经济紧张,同时也会令对方无形中感到压力,从而影响对爱情的判断。倘若最后双方不欢而散,即便没有产生经济方面的纠葛,也会使"投资"多的一方蒙受较大的经济损失。

另外,男方的大手大脚有时还会产生负面作用,比如给女方及其父母留下不踏实、不会过日子的印象。送恋人的礼物不求名贵和华而不实,应考虑对方的喜好、需要及自己的经济能力,只要真心,一朵玫瑰并不比999朵玫瑰代表的爱意淡薄。

下面就是恋爱时的几大省钱招数。

吃饭

吃饭是约会中必不可少的项目,而且这里面的情调不能少。西餐最好,价格太高;中餐不错,一菜一汤行吗?结果总是以浪费收场。想要爱情,又想要面包,最后还要不缩水的荷包,其实一点也不难,平日多伸触角,打探市内哪家餐馆情趣别致,菜品有特色,价格合理,特别要做到对你们约会的"老地方"附近的餐厅心中有数。你的朋友、同事、报纸、广告,都能给你提供充足的信息。届时,无论你在市内任何地方,都可以把她带到惠而不贵的餐厅享用美食,她会为你的精心安排而心动。当然,如两人的感情已经足够好,不妨就在家DIY吧,一起做饭既有情趣又省钱。

娱乐

浪漫的爱情总是从有品位的娱乐开始。现在许多商家为了促销,经常举办各种公关活动。比如免费赠送迪厅的入场券,新开业的游泳馆的打折券,商场里的时装表演,各类文化机构为宣传自己的艺术主张举行的义演、义展等。只要你留心收集情报,多注意报纸的信息栏,一定可以拿到许多免费票券,这样既可享受高档次的娱乐,又不会出现财政赤字,岂不是两全其美。

联络

手机虽然方便,但是打得多了就成了一个烧钱的工具。其实很多话直白地说出来常常没有写下来的效果好。一封情书算上纸和寄费花不了多少钱,何况写情书的感觉是久违了的美妙。要是你嫌邮局效率不高,E-mail可保证你及时传递信息。其实写情书还有一个好处,就是让白纸黑字成为你们感情一路发展的见证。当然,手机短信也是一种颇有时效而又温馨的选择。

交通

玩了一天,该回家了,打车吗?相信你看到出租车计价器一直跳动的打表器时,一定是心惊肉跳,去见女友的欣喜也多少会因此打折,所以,两人一起乘公交车,一路有说有笑,不经意就能到达目的地。如果能找一个离女友家不远的地方约会,还可以一路走一路送,说不定你还觉得路程太短。

旅游

心仪的她终于答应与你一起出游,豪华的旅游线路会使你辛苦积存的钱在几天内全交给售票处和酒店。这时不妨建议你除了高档酒店,可以把住宿目标锁定在风景名胜区的度假小屋和农舍,这里更贴近自然。为保障个人卫生,不妨带上自己的床单和被罩。

送礼

节日到了,送什么呢?礼太轻,对方会觉得你"小气";送点有品位的,一瓶香水就要花掉半个月工资。这时不妨去一家DIY工艺店,自己动手做出个性的首饰,既省钱又能表达情意,这种时尚的方式会打动她的芳心。或者采用网上购物,价格通常会比商场便宜许多。

外出约会

恋爱中的男女总不能老在家窝着,总得去想点别的事情做吧。如今很多公园都不收门票了,不去逛逛岂不可惜?兴致好的话还可以带上闲置已久的风筝,来个纸鸢放飞。不过一定要记得自带茶水,否则又要花冤枉钱了!

购物

在准备购买一件东西之前,一定要逛过几次之后再决定,如果连逛几次,你或女友依然对那件商品爱不释手,再决定购买。这种方法既可保持你们蓬勃的逛街欲望,又训练了你们理智购物的习惯。

同居

有人开玩笑说,同居是婚前男女降低恋爱成本的有效方式。其中可以降低的成本包括:一方的居住开销、大部分的约会成本、来往两处的交通费用。未婚男女同住在一个屋檐下,租房或是供房的开销只相当于原来的一半。在房价和房租不菲的城市里。这笔支出可谓不小。合住还可以降低不少居住的相关成本。譬如寒暑难当,空调的电费永远像晚11点到早7点的低峰段一样,打了个对折。同居在很大程度上是给自己找了个分摊生活成本的伴侣。与生活费用一起降低的还有约会成本。同居的"零距离"相处,标志着恋爱走过了初级阶段,男女生活由原来的"风花雪月"走进了现在的"锅碗瓢盆"。约会的各项内容要么从合并后的报表中省去,要么以一项新的"财务项目"代替。

同居后,很多人都会发现,恋爱时的生活模式发生了剧变,原来喜欢到浪漫餐厅约会,现在改成了自己做饭或是偶尔到小餐馆祭一下"五脏庙";在影院里看大片,不如坐在沙发前看"家庭影院"的DVD;喜欢煲"电话粥"的男女,现在也变成了三言两语的即时通话……自然而然的,原本每个月花在约会上的钱也省掉了不少。

送个省钱的体面礼

送礼是每个人一生中谁也躲不过的一关,同时也是检验人们智力的最佳方式之一。聪明的人总能花最少的钱收到最好的效果;高明的人投其所好又不张扬。因此可以这么说,送礼是很有挑战性的一件事。

下面就介绍几种既体面又能让你省钱的送礼方法：

打折储备法

各大商场经常会有促销活动，遇到一些品牌打折的时候，尤其是男女式箱包、香水、化妆品、精致的饰物等，这些东西一年内不会过时，打折的时候购买，合适的时候送出，品质绝对可以保证，钱也花不了多少。

联合送礼法

与其你送我份子钱，我再给你还礼，还不如大家商量好，互相之间赠送一些实用的物品。这样不仅能相对地节省开支，也能使彼此之间留下美好的记忆。

四两拨千斤法

主要用在一些重大场合，要下"重手"送礼的时候，这种场合一般金额在四五位数以上，送钱太俗，不送又不行。选择本身价值就不菲，并有升值空间的礼物，够份量，够档次，同时花的钱比送现金要少得多。这类物品一般是金、银、古董、收藏品等。这一招的关键是要吃准礼品价值，在合适的时候购买。

出其不意法

对不是很熟悉的人，要想让对方加深对自己的印象，除了吃饭外，如果能通过一些让对方意想不到的方法进行沟通，便能起到事半功倍的效果。

物美价廉法

通常一些外贸小店会有一些做工精致、款式特别的物品出售，你可以根据朋友的喜好，到这些时尚小店里挑选朋友喜欢的物品。不过，眼光一定要独特一点哦。

异地购物法

出差或出游到外地，有心选择当地物美价廉而本地也不多见的东西带回来，送谁都会觉得稀奇、有趣。但是，最好不要是食品，一是因为有保质期；二是特色食品一般要有饮食环境才能体现其特色。比如北京著名的烤鸭，拿回来吃还真不是那个味；沿海的鱼、虾，能带回来的一般是干货，到处都有。这一招的关键是要对异地的特色有较深入的了解。

与众不同法

很多人送礼时往往离不了烟酒茶，送来送去，最后受礼者都记不得是谁送的了。在物品极大丰富的今天，要想让受礼人记住自己，礼品一定要有特色。这一招的关键是要了解受礼对象的喜好。

如果以上方法你觉得都不行,这里就套用一句话:如果不知道吃什么菜,就吃川菜吧;如果不知道穿什么颜色,就穿黑色吧;如果不知道送什么礼,就送钞票吧!

家庭省钱五大策略

策略一:打时间差

打时间差是省钱的基本招数。最小领域如"分时电表",把集中用电时间稍微推后一点至晚上10点以后,错开日常的用电高峰,即可以享受半价的优惠;最典型的领域是出游,"黄金周"出游由于和全国人民挤在了一起,耗时耗力还要支付更贵的门票,常常让人苦不堪言。而改变的方式也很简单,利用带薪休假,将假期推迟一到两个礼拜,看到的风景当然就不一样了。

在时间上做文章的还有选择基金后端收费模式。基金公司推出优惠的目的是防止基金过早赎回。而从投资的角度,也没必要在1年内就把基金赎回来,只要估计自己会持有一年,就可以选择后端收费享受优惠费率了。

策略二:打"批发"牌

个人的力量是有限的,而集体的力量是无限的。团购就是打"批发牌"的最佳体现。一个人侃价没有多少竞争力,但几个人几十个人联合起来侃价就是另外一回事了,这也是大多团购能避开商家直接和厂家谈判的重要原因。小的如家电器材,大如汽车,都可以在团购中得到更多的价格优惠。

策略三:减少生活舒适度

新节俭主义的前提是不降低生活质量。在这个前提下,适当牺牲一点舒适度,能够节省几张钞票,当然也是可行的事。比如说卡拉OK,晚上黄金时段的消费是全价,而你只要牺牲一下早上睡懒觉的时间,在清晨赶到钱柜价格便只有三折。

策略四:时间、精力换金钱

理财更多是辛苦活,要节俭,当然也需要一定的时间、精力。收集广告就是劳神劳力的事情,这可能需要你号召家人来共同进行,超市的优惠卡、报纸上的折扣广告等,都需要专门的工具来收纳,不是有心人很难做到。

基金转换的省钱窍门也是需要耗费时间、精力的,毕竟需要在正常手续之外多一道周折。卖了房子租房住的人则承担了更大的时间、精力上的琐事,可以想象,要跑中介跑银行跑交易中心跑下家客户,一趟下来早就让人叫苦不迭,许多人也有换房或者租房的想法,但畏惧这一番折腾,也就维持了现状。

策略五:利用先进科技工具

代表人物是网络一族。例如团购过程中,网络就起到了非常大的作用,它把有共同需求的网友集中起来去讨价还价,如果仅靠朋友之间的口头传播,显然没有这么大的号召力。

条款简单的险种,如意外险、家庭财产险等都适合网上投保,省去跑保险公司的"腿脚费",还可以打折买保险,当然合算。在基金销售中,网上购买比起传统的银行、证券公司代销渠道,也有0.5个百分点左右的费率优惠,而且赎回时到账时间更短。科技节省了金融机构在营销方面的成本,这部分就返还给投资者了。

养狗省钱攻略

总的来说养狗的花费还是蛮大的。但也有省钱的妙招,下面是养狗省钱攻略:

防止狗狗走失

相信很多人都对这件事提心吊胆。所以说制作狗牌是个很不错的主意,当然在狗狗的项圈上用黑色的笔写上电话号码也是一样的。这样当狗狗走失的时候,捡到的人就可能给你送回来。

自制零食

自制零食非常简单方便。具体做法是:新鲜的鸡胸肉一块。烧水,烧开后把鸡胸肉直接下水煮,煮熟,煮透,晾凉后撕成小块,入微波炉高火10分钟,然后再翻过来反面再高火10分钟、晾凉即可,简单美味,我试过了,很不错,反正我家惜惜还是很爱吃的……

关于驱味

给狗狗驱味可以用白醋,白醋非常便宜,超市里最便宜的白醋才两块多。把醋分装在各个容器里,摆放在不会被碰到的地方。驱味效果很棒。

母狗用的生理裤

外面卖的生理裤价格不菲,但质量一般较差,大都是那种涤纶的,狗狗穿起来也不舒服。你可以买一条大号的内裤,在尾巴的部位剪出一个洞,这样狗狗穿起来刚好,质量也不错,又省了一小笔钱。

梳子玩具之类

这类东西最好在小店淘。最初养狗的时候东西大都是在宠物用品商店买。其实一样的东西在小店里买会便宜很多。再说用的东西不像吃的东西讲究那么多,所以这是个超省钱的办法。

另外,养狗还可以让主人减肥,花钱去健身房的人们从今以后别再花冤枉钱了。把去健身的钱省下来买好吃的奖励狗狗吧。每天早上早起1个小时,牵着狗狗慢跑,减肥顺带遛狗,一举两得。

第二章

明明白白消费

——警惕购物陷阱

买菜省钱有高招

对于每个家庭来说,烧菜煮饭是主妇们每天都要必须张罗的事情,既要照顾老少吃好喝好,还得经济合算,真是得费尽心思。买菜其实也是一门学问,只要稍微注意一点儿,一个四口之家每月就可以节省百元,一年就是上千元。具体的省钱方法是这样的:

巧打时间差

如果说卖菜要"赶早"的话,那么买菜则要"赶晚"。最佳的捡便宜时间是在下午5点至6点之间,这时买卖已近尾声,水产、蔬菜的价格要比早上便宜很多。

买菜农的菜

菜贩子一般有固定的摊位,花色品种多,但由于他们要交固定的工商税,菜价一般卖得都要比菜农的贵。而菜农挑着菜上市场卖,一般数量不多,花色品种很少,他的成本比菜贩子低得多,自然价格就便宜。因此,向菜农买菜比向菜贩子买菜省钱。

关心天气变化

一般都选好天气去买菜,一旦气候变坏,小贩就肯定会乘势涨价。在这种情况下,如果你是个有心人,注意天气变化,在天气变坏之前,赶快多备点儿菜,吃个两三天,天气变坏了也不急于买贵菜,无形中就省了不少钱。

自带弹簧秤

到农贸市场买的菜、鱼、肉都有可能会短斤少两。若随身携带一个弹簧秤，就可能及时发现问题，免得多花冤枉钱。

从理财和营养健康的角度来看，家里做饭好吃又实惠。一日三餐尽可能选择在家做饭，这是最经济实惠的做法。

如果有时候不得不在外用餐，也应该尽量选择价位合适的、便宜的餐馆。这就需要你在平时多多打探出哪家餐馆有特色，价格最合理。当然，并非价钱越便宜越好，口味、品质、卫生也是要讲究的。同时在要求饭店出具菜单时，要问清楚每道菜的实际内容，不要被菜名误导，对每道菜的材料、价格等要问清楚。吃完饭结账时，一定要养成"先看账单，后结账"的良好习惯，以确保自己的权益不受损害。

商场购物也要学会砍价

一般情况下，大商场的东西一般是明码标价，"恕不还价"基本上是买卖双方共同默认的潜规则。但实际上，商场有时也会有些"隐性"的优惠措施。只不过这些优惠措施是藏在"深闺"里的，就看你有没有心多问一句。

下面介绍商场砍价的具体方法。

第一，逛商场前要先打扮得体，这一点不能忽视，关系重大。最好穿质量好点的衣服，因为品牌店的店员很多是先敬罗衣后敬人。

第二，千万不要被大商场和专卖店的豪华装修和气派吓坏，你是顾客，他们应该怕你。每位店员都有价格把握尺度的。你先试好衣服，别怕。不买也试，购物乐趣在过程，就算衣服很贵，根本不在预算之列，也可以试试效果，等打折时再考虑或者去购买差不多款式的。试完不买，不要说它太贵了，而是说我不喜欢这种风格、这个料子我穿不惯之类。

第三，购买品牌服装时，一般会有一个"统一零售价"。在这种情况下，除非你有相应品牌的会员卡，不然无论如何都没法便宜一分钱。但事实上，只要你懂得和销售人员套近乎，他有时也会"网开一面"。因为很多品牌的售货员都有会员卡甚至拿员工价的权力，只是大多数时候他们希望你买正价，这样可以拿到高提成。所以，以后再去商场购物，一定要"缠住"售货员小姐，能不能打动售货员就要看你的决心和能力了。

第四，尽量选择那些容易搭配的基本款。试过后如果效果不错的话，你开始和售货员商量价钱。

顾客："可以打折吗？"

售货员："不行。"

顾客："我有贵宾卡呢！"

售货员："已经是最低价了。"

顾客："我再买一件呢？"

售货员："也是一样的。"

顾客："我知道你们可以优惠的，给个折扣吧，衣服卖出去，你们也有钱收啊！"

售货员："(有点动摇了)但是上面很难交代。"

顾客："没事，长期客户嘛！"

售货员："我问下经理吧。成交！"

第五，争取做贵宾。这是最好的砍价方式，而且操作难度不大，只要多逛，和店员多聊，偶尔买件小衣服，或者赶上活动期，贵宾卡就到手了。有了贵宾卡，服务周到不少，有些有新货的速递，新货都有折扣，还有折上折，在砍价比口水时也有话可说。

第六，千万不要相信商场的折扣。在大商场里，打折活动一浪接一浪，柜台前折扣牌林立，"3折"、"7.5折"等等。不要以为这就是最低价格，你可以告诉她，你是老主顾，有贵宾卡，请她务必再降一点。这时，服务员为了多卖一些货，多半会给你更低的折扣。别担心有没有贵宾卡，你可以让服务员替你找一张，既然用贵宾卡可以优惠，用谁的卡不是用。

理性地购买打折商品

虽然现在的商场、超市打折的商品很多，但是这并不意味着只要买打折的商品就是省钱。商家对商品打折出售的原因各不相同。现阶段，欧美进口的商品打折，很大程度上是厂家经营中遇到了困境，为了尽快回收资金而不得不作的促销。而且这类商品在世界范围内有广泛的知名度以及很好的信誉度，所有的产品在世界各国的价格都是一样的，所以购买这类的打折商品应该没有太大的问题，可以放心享受打折的优惠。

相比之下，国内厂家的产品打折因素很多，也很复杂。有的是产品略有瑕疵，因质量而打折；有的是因为滞销，商家想尽快脱手，回笼资金；有的是因为换季商品，尾货和清仓；还有的则是商家为了吸引顾客，特意对一到两样热门或顾客日常必需的商品打折；在一些大的超市，会定期对一些即将到保质期的食品打折。

以上提到的打折，作为消费者，在购买之前一定要向商家问清楚打折的原因，再以此作为购买打折商品的参考依据。对于因滞销而打折的商品可以根据自己的需要酌情考虑购买。有些商品仅是因为款式、尺寸或颜色而滞销，然而别人不喜欢的样式没准正好合自己的口味，别人不适合的尺寸没准正合自己的需求，所以应买这样的打折商品。

相反，买因质量问题而打折的商品就不是在省钱而是浪费了，通常清仓换季的打折商品和商家为吸引顾客的打折商品倒是可以考虑。比如说有的超市为了促销，吸引顾客，会在特定的时间内，限时抢购打折卖面包或果汁，这些商品的质量是上乘的，这个时候买一些回家，放在冰箱里备用，既节省了金钱，又保障了生活水平，真是一举两得呀！

当人们以比原价低好多的价钱买到自己喜爱和需要的东西时，总是会令人高兴得意。在众多打折商品的诱惑下，要求消费者一定保持清醒的头脑，按需购买，才能真正做到省钱。

由此可见，理性消费很重要。想通过购买打折商品来为自己省钱的话，买商品之前一定要弄清商家打折的目的，折扣是用来掏你口袋里的钱，是为商家创造利润的。当然，有时候打折促销是件好事，也会给实实在在地为消费者带来实惠，很多有钱人也喜欢买打折或者减价商品。但我们一定要明白，打折购物不一定省钱。只要你购买商品，你口袋里的钱就会减少。如果由于冲动购物，买回一大堆不需要的衣服、化妆品，几年以后，就会发现有的衣服一次也没有穿过，有的化妆品一次也没有用过，那么你买这些打折商品省钱了吗？没有，白白浪费了一笔本来可以储蓄下来的钱。

所以说购买打折商品一定要理性,要冷静思考,三思而后行,确实需要又遇到实惠的情况下才可出手,千万不要图便宜盲目购买一堆没用的商品,归根结底还是掏空了自己的腰包,而没有做到买打折商品所要达到的省钱目的。

节日消费省钱有窍门

原本过年过节是令人高兴的日子,可有些人却不这么想,因为每到逢年过节的时候就意味着需要大量购物,给亲戚、朋友、单位的领导、孩子的老师等等都需要买很多的礼物,而且自己也需要打扮一下,形象问题总是要重视的。可等节过完之后,一看总是超出预算,真是苦不堪言。

逢年过节,人们总要好好放松、好好消费一下,不过也别忘了尽量节约,下面就教你几招节日消费省钱的小窍门:

不要仓促购物

当你急需某件商品的时候,你很可能用较高的价钱买了并不是很中意的那一种。为了在购物时避免拥挤的现象发生,最好是在每天的早上或是在每周一或周二时购物。

巧妙购物

尽早开始准备购物。你可以进行价格的比较并且利用提前消费的方法,不要等到过年时才购物,因为那时物价会比平时高。

购物结束了,马上回家

越能抵御购物商场的诱惑,你就会越少地购买没用的东西。最好的方法是始终按照购物的清单进行购物。

设置一个现金购物的限度

当超过这个限度的时候就立刻停止购物。

尽可能早地进行旅行安排

这样你可以享受便宜的车票和打折的房间。

用较少的钱招待客人

在聚会时采用AA制的方式结账;在家招待客人时可以用家常便饭、野餐或甜点等聚会来代替昂贵的晚宴聚会。

制作你自己的礼物

把廉价的礼物做精美的包装、制作或是购买特别的包装。

注意气候的变化

当冬季到来的时候,储藏一些减价的诱人商品。要善于根据季节的不同储存廉价的食物。比如,在节假日时烤制食品的价格通常比平时要低15%到30%。

避开节假日过后再购物

这样做可以使你为今年的节日装饰节省大量的钱。

发送免费"虚拟"的祝贺卡

这种通过网络发送的丰富多彩的信息不会花费你一分钱。

买衣服省钱的妙招

年轻人都喜欢穿也喜欢买名牌货。比如名牌服装,既够档次,穿上又舒适。但是名牌货往往都价格不菲,面对这样的情况大多数人一定会认为:"名牌服装穿上是够档次,但是现在很多名牌货都很贵,要花那么多钱总有些舍不得。就拿衣服来说,有些花不少钱买回来的名牌服装穿上一季就不想穿了,怎么办?"

下面就教你几招来解决这个难题。

反季节购衣

许多人都认为反季节购物不是明智之举,实际并非如此,不过反季节购物一定要注意以下两点:

第一,目标明确。在逛街之前先要检查自己的衣柜,看看缺什么。明确了目标之后,如果再看到让你心痒而又可买可不买的东西时,就需要及时捂紧自己的钱包了。

第二,莫贪便宜。要抑制自己那种一看见便宜货就想把它淘回家的欲望。如果你的控制力强,那么你家里的"破烂"会少很多,衣柜的空间也会多出很多。不买便宜的,只买自己需要的、能用的、要穿的。

搭配购买

在看中一件上衣时,你就要开始留意能与它搭配的小裙或裤子了。一般成套衣服商家都会标贵过两件单卖的价格,所以不如自己来搭配组合,既省钱,又可以享受创意的乐趣。

不要在商场购买衣服

不能选择在旺季从大商场购置大量衣物。商场可以经常逛,但目的在于观察当下的流行趋势以及衣物搭配,如果在商场没有任何优惠的情况下购买大量衣物,未免有些物不尽所值。如果逛到自己非常中意的衣服,可以给营业员留下自己的联络方式,如有打折请他们及时与自己联系。

变废为宝

只要有心,残次品经巧手改装后一样可以多姿多彩。如胡小姐就曾经用50元买了一件品牌毛衣,只因领口有些跳线,所以被商家作为处理品,摆在那里无人问津。购回后刘小姐用一条碎花小丝巾穿过领口上的小洞,系了个小小的蝴蝶结。这样别人不仅看不出这件毛衣上的破洞,倒更觉得这种搭配别致优雅。

如何给孩子买衣服最省钱

现在,儿童服装越来越贵。孩子每年长得那么快,所以给孩子买衣服也是一笔不小的开支。下面教你几招,让你花最少的钱,为宝宝买到最合适的童装。

购物前提前拟好清单

购买前先清点宝宝的衣物,拟一个购物单,首先购买那些急需的衣物。既不要漫无目的地逛,看到心动就买一堆造成浪费,也不要今天出门买个帽子,明天出门买一双袜子,这样既浪费时间、浪费路费,还搭上逛街的饮料费、零食费。

把握好宝宝的尺寸大小

平常直接带上宝宝去试衣购衣,当然不用担心买来的衣服大小不合适,但大多数妈妈会在单独购物时遇到称心的童装时,又不清楚孩子穿多大的尺码。

所以就需要你经常记录宝宝衣着的尺寸大小,如果记不住,就可以把它写在笔记本上,或把相关数据输入手机,这样购物时就方便多了。需要提醒的是,宝宝长得快,你要记得及时更换数据。

反季购买宝宝服装

每到两季更替之时,商家都急于抛售过季服装。这时买进打折的高品质童装是最为经济的。

不过,反季节购买童装与购买大人的衣服有很大不同,因为宝宝在迅速生长发育。年轻的父母容易冲动地为孩买正好合适的衣服,而有经验的父母会乘机储备孩子明年的衣物。

需要注意的是,一定要准确估算出孩子穿新衣服时的大概身高,否则很可能会因为估算错误而买了不合尺寸的衣服。

适当的尊重孩子意见

无论冬天还是夏天,有些宝宝都非常反感戴帽子,有的宝宝才两三个月,就已经表现出对帽子的反感。你如果买了一堆漂亮的婴儿帽闲置,那就是浪费。稍大些的宝宝会有自己喜欢的颜色和款式,比如只喜欢穿裤子或只愿穿裙子等,你也应尊重孩子的意见。

父母要清楚孩子的喜好,如果父母觉得某件衣服很可爱,但是宝宝不喜欢并拒绝穿戴,那它就不能很好地发挥作用。

买大一号的衣服

给孩子穿大一号的衣服是传统方法,但现代父母还应追求美观,选择大一号穿起来也好看的款式。比如买大一号的羽绒服,今年当大衣,长长的既保暖又美观,明年正好是合适的上装,很是帅气;灯芯绒的裤子大一号,今年松松地挽起裤腿,配一双小套靴,明年放下裤腿,蹬一双跑鞋。若是太长,干脆把裤腿向外翻一截,用漂亮的小钉扣固定,款式更是别致。

选购男士西服有讲究

一般来讲,在选购男士西服时,需要把握好以下五点,就能买到物有所值的西服。

款式的选择

男西装的款式可以通过整件衣服的肥瘦、长短以及领驳头、纽扣、开叉和口袋等部位的变化来体现。选购时应多试几件,以穿着舒适,不影响一般活动,能体现男子的健壮体魄,并能套进一件羊毛衫为好。至于下部要不要开叉,西装驳领的宽窄,都要以个人喜爱而定。西装纽扣种类繁多,但最普遍的是单排两粒扣,适合于各种场合穿着。身体瘦高者选双排扣更好些。

质地的选择

西装面料以毛涤面料为好,其料挺括、结实、保型性强,价钱也便宜。高级男西装的衣服里面都有一层黏合衬,选购时,可用手攥一下衣服再松开。如感到衣服挺而不硬、不僵,弹性大,不留褶,手摸上去毛感强,说明衣料质量较好。再检查前衣襟,没有"两张皮"现象说明黏合衬质量较好。低劣的黏合衬虽能使衣服挺括,但手攥上去发硬、发僵。

颜色的选择

一般来说,黑色、藏蓝色西服显得庄重。身体胖的人宜穿竖条的深冷色调的西装;身体偏瘦宜选浅色格子西装,也可结合肤色来选择,但颜色选择切忌太艳太单,以雅致、柔和的棕、驼、米、灰等中间色为宜。

做工的选择

首先要看西装左右两边,尤其是驳领口袋,是否完全对称平整;口袋、纽扣位置是否准确端正;领、袖、前襟及整体熨烫是否平整服帖;最后看针脚是否匀称;纽扣、缝线与面料色泽是否一致或协调,有无线头等。

其他装潢的选择

高档男西装装潢较讲究。如带衣架、有塑料袋整装,有时还带有备用扣,商标精致并缝制于内里口袋等。

挑选牛仔裤的妙招

如今的年代不穿牛仔裤的真是少之又少,那么在挑选牛仔裤时有什么技巧吗?

一般来讲,带裤线的牛仔裤,能使腿看起来比较细长。

对于讨厌会松懈的牛仔裤的一类人来说,最好选择没有松紧的裤子。因为没有松紧的牛仔裤在你穿着它时会对你的身材有"记忆",坚持穿着它(不要水洗),它就会形成最适合你的形状。一旦水洗,它就会变回原形。

切勿买在自己身材有缺陷处设计了磨白、装饰物或破洞的牛仔裤,这样只会把自己的缺点放的更大。

所有的牛仔裤都会或多或少地松懈，如果这条牛仔裤本身就使用了较脆弱柔软的面料，它就更容易变形。同样，经过更多道加工工序制作的牛仔裤也比较容易变形。

牛仔裤后面的口袋位置最好在你臀部每侧的正中间，如果它们设计的间距较远会显得屁股大。

选购锥形的牛仔裤时，看看膝盖下方有没有特别强调裤形的线条设计，如果有的话会让你的侧面看起来更美。

如果比较胖的人，尽量选择配有大扣子、大铆钉、大口袋设计的款型，这样会令你的身材苗条一些。

选围巾的妙招

通常，围巾也同一般服饰一样，除了有保暖的作用，更有扮美功能。那么不同体型的人，应该挑选怎样不同的围巾呢。

身材偏胖的人

这类人群适宜选深色围巾，如纯黑、深藏青、深咖啡等，以弥补宽胸体胖造成的光晕扩散感觉。

胸部扁平的人

这类人群适宜选质地蓬松和有丰厚感的围巾。如拉毛、羊毛、膨体等，图案最好是横端提花的大花型格局，并采用对称悬垂搭前胸的围系方法。这样，图案正好搭在胸前，可显得丰满。

窄肩瘦削的人

这类人群适宜选购小花朵型，格局简单，色彩别致的围巾，年轻的少女更可以大胆选用大红色系的围巾，用活泼感来弥补瘦削窄肩。

溜肩的人

这类人群适宜戴加长的素色围巾，长度最好与身高相等，也可以再长些，并采用不绕脖或稍绕脖的悬系方法，这样，可在视觉上使人的肩部显得较为匀称得体。

女人选衣小常识

一般来讲,身材各异的女人在选衣标准上也会有所不同,大家一定要仔细区别对待:

骨感强的女人

这类女人看起来轻盈利落,但也不是瘦的人穿什么都好看,不能不经思考将衣服都往身上穿。女人的腿并不是瘦细就是好看的,双腿很细只剩骨头支架没有肉的腿适合穿直纹裤子,腰间可以有口袋等的装饰品,可以转移视线。AB裤、硬挺的长裤搭配合身的上半身也是很好的选择,太瘦的要尽量选择棉、麻看起来有分量的布料。搭配上则以多层次为原则。衬衫外面加一件背心,天冷再搭一件外套,脖子上可围条丝巾或围巾增加层次感。没有臀部想穿出丰臀,可以选择松紧带设计,下身蓬松的裙装。

身材胖的女人

这类女人如果掌握了穿衣要领,也会别有风韵的,下面就给出几点建议:

第一,应选择面料柔软而挺括的,忌太厚或太薄的料子,因厚料有扩张性,会使人显得更胖;太薄易显露体型。

第二,色彩以深色为佳,因深色有收缩感,会使人显得瘦削。

第三,胖的妇女应选择小花纹与直条纹的衣料。

第四,把较明亮的颜色放在上身,能使人不注意你体态较差的下半身,身穿高腰裤可使臀部看起来瘦小一些。

第五,胖的人一般都长着一副大脸盘,颈粗短,而穿窄小领口和领型的衣服会使脸型显得更大,应选择宽敞的开门式领型。船型领有使肩膀看来较宽的作用,能与肥大的下半身成一协调平衡的视觉效果。

第六,避免穿过于贴身的毛织衣物,那些带静电而贴身的套裙或贴身衣服容易显现线条,胖人应忌穿。

第七,忌穿衣系腰带,给人以臃肿笨重之感。

第八,穿旁边或侧边开衩的半截裙,垂直线条再加上令腿半隐半现的裙衩,能使你的双腿看起来更加修长。

第九,穿鞋应选择线条简单,细跟或有尖头的鞋子。袜子的颜色要与鞋子相配合,加长腿部线条的感觉。

第十,皮包肩带的长度不要刚好落在臀部的最宽大处,这种会使本来肥大的臀部显得更大。

身材高大的女人

这类女人在选择衣服上注意不宜过长,应该穿一些不会太显露体形的衣服,而且某种场合的衣料要选配适当,松衣宽裙都较合适。

臀部下垂的女人

第一,美化掩饰下垂的臀部的各种方法中,以细褶或收腰的长白衬衫盖着冷色系裙子的掩饰法最简单而又最漂亮。

第二,利用裤子后面的口袋及加上皮带来掩饰。将上衣束入有后袋的裤子里,并以深色的皮带束着,颇具立体感,这样的穿法相当出色。

第三,穿着圆裙掩饰下垂的臀部。贴紧臀部的窄裙、直筒裙,不适合臀部下垂者穿着,而摇曳生姿的及膝圆裙才是最佳选择。

第四,以长裙掩饰缺点时,阔褶的长裙最为理想,上衣则选择同一色系的服饰,这款组合整体轻便时尚。

第五,格子褶裙可以巧妙地掩饰臀部下垂。上半身设计简单的服饰和其他饰物,可强调裙子的效果。

O型腿的女人

这类女人可以穿件长裙将腰部以下完全不透明,这样就掩盖了不太美观的O型腿,但若想让下半身透透气,又要穿着不要太紧,裤管宽点的长裤,可以使腿部看起来笔直;或是长度在膝盖以上,斜向、有花样儿的宽松飘飘短裙,可以转移视线;但避免穿窄裙,因为窄裙紧贴下半身的弧度,会让O型腿完全显现。

小腹凸出的女人

凸出的小腹,往往影响到女人穿衣的美感,但如果将整体服饰设计成X或Y线条的造型,也就是把上半身的衣服束入下半身的裙或裤内,便可掩饰这个缺点了。

第一,白衬衫束入深色长圆裙内,并以两公分宽的皮带系紧,造就X形的线条,能使腰部更纤细,以掩饰凸出的小腹。

第二,全身穿冷色,以细条纹的长裤分散视线,上下身衣服,包括皮带、丝巾、鞋、袜等都采用冷色系的搭配,而贴紧肩部的外套是造型设计的重点,冷色条纹的长裤能分散视线,巧妙地掩饰了小腹凸起的缺点。

第三,以直筒牛仔裤搭配长西装外套,直筒牛仔裤可使凸出的腹部不那么明显,配上稍长的西装外套,效果更佳。

第四,腹部凸出者颇适合萝卜形长裤搭配宽松毛衣。冬天,小腹凸出者可选择萝卜形长裤来搭配下摆宽松的毛衣,并用配件(帽子、围巾、皮带)将重心置于上方,这样的穿着也是很出色的。

第五,用宽松打褶的短裤掩饰缺点。宽松打褶的短裤最能掩饰凸出的小腹,上半身的背心装饰繁多,加上帽子、围巾的搭配能使视线上移。

生活中,女人们只要明白了以上的穿衣小常识,就不难穿出自己优美的身姿来,愿天下所有的女性朋友们更加美丽动人。

选购洗衣机有学问

家用电器市场上洗衣机品牌繁多,型号各异,消费者在购买时面临选择难的烦恼,如何少花钱买到自己称心如意的洗衣机呢?针对这个问题,我们先对市面上的洗衣机进行全面分析,您就不难找到答案了。

目前市场上出售的洗衣机类型主要有搅拌型、波轮型、滚筒型和环保双动力型四大类。

搅拌型洗衣机份额极小

滚筒型、波轮型和搅拌型洗衣机,都是通过化学作用、机械作用以及时间和温度的控制来洗净衣物的,其中搅拌型在市场上所占份额极小。

波轮型洗衣机易老化

波轮洗衣机的水流方式一般为正向旋转1~3秒,停0.5~1秒,再反向旋转1~3秒,再停0.5~1秒,这种洗涤方式有利于各因素之间的平衡,兼顾了洗涤力、磨损率、缠绕状况、洗涤均匀度等因素。缺点是不能加热,如果冬天水温太低,会影响洗衣粉的溶解,相对来说,洗衣粉的用水量和消耗比滚筒洗衣机要大;因机械力作用大,易使衣物缠绕和打结,磨损度较大。还有波轮洗衣机的很多零部件为塑料制成,时间长了会老化,易松动,使用寿命有限。

滚筒型洗衣机更先进

这款洗衣机优点在于:衣物在洗涤过程中不缠绕、洗涤均匀、磨损小,所以就连羊绒、羊毛、真丝衣物也能在机内洗涤,做到真正的全面洗涤。还可以利用加热激活洗衣粉中的活性酶,充分发挥出洗衣粉的去污效能。由于用水量较小,可以在桶内形成高浓度洗衣液,在节水的情况下带来理想的洗衣效果。

环保双动力省钱又健康

"双动力"上市只有短短几年时间,但被誉为世界第四种洗衣机,市场销量很好。尤其作为不用洗衣粉的洗衣机,它可以省掉一个家庭每年对洗衣粉的花费。随着人们越来越注重健康与环保,不用洗衣粉的环保双动力洗衣机满足了人们的现代洗衣需求,迅速成为"双动力"家族中销量上升最快的产品。

看完上述分析后,相信你不难发现最后介绍的两种是高档产品,价格会比较昂贵,前两种属于濒临淘汰的产品。如果选择前两种落后产品,会让你省小钱费大钱,是不可取的;而后两款一是注重性价比,另一个以环保为卖点,均可以作为购买首选。

巧选实惠又省钱的家庭影院

现实生活中,有些人对生活追求很高,除了偶尔到咖啡室享受午后阳光的温暖之外,还十分喜欢听音乐和看电影。选择一款满意的家庭影院系统就必不可少了。

你可以选择购买一个"套装"并期望达到一个很棒的音响效果,但是很多情况下并不是想像的那样。如果你选择一个预先通用的套装,也就是说从制造商那儿买到提前包装好的多合一系统,但这通常不是最好的选择,而且还会浪费巨大的资源。

据一个简单的随机调查显示,家庭影院主体系统的选择和安装如果没有一个专业的指导,不结合自己房间的实际情况,那么这套家庭影院系统多数是和房间不匹配的。

最好找一个懂行的专业人员,因为他们花了大量的时间来对比各种系统以达到更好的效果,他们知道合成的哪一个部分不和谐,而且他们知道在一个固定的价格,怎样组合能够达到最好的效果,而且他们知道如何使一个系统达到它们最适宜的工作状态。最关键的是他们也知道这个系统一定要适合你。

在购买家庭影院时最好选择知名的商场,这样可以得到良好的售后服务保障。购买前一定要咨询保修期期限,检查清楚机器的质量是否合格,购买后需获得相关的单据。

当然还有一个重要的问题是:同样的一套音响,在商场试音室或朋友家时可能和在自己家的效果完全不同,这是为什么呢?其实,听音环境的空间大小对于听音效果有很大的影响,然而这往往又容易被人们所忽视。

买"省钱"空调的技巧

众所周知,空调能效越高就越省电,而能效越低的空调价格又越便宜。这就造成了,高能效空调省电却不便宜,低能效空调价格便宜却不省电,为此消费者总是感到进退两难。针对这一情况,有五大技巧可以让你买到"省钱"空调。

健康"省钱"

健康越来越成为人们生活与工作普遍关心的话题,因此,购买空调除了看重节能之外,还需要考虑空调是否具有健康功能。使用健康空调,不得空调病,身体健康比什么都省钱。

买的"省钱"

人们在购买空调时只知道按面积选功率,例如16~20平方米房间就选1.5P空调挂机,21~37平方米房间就选2P空调柜机,由于不知道按使用时间选能效,多花了许多冤枉钱。其实,应该根据自己每年使用空调的时间来选择不同能效的空调。如果你家每年使用空调时间长达11~12个月,那么买一级能效空调最省钱;每年使用8~10个月,买二级能效空调最省钱;每年使用3~7个月,则买三级能效空调最省钱;使用时间低于2个月,则买四、五级空调比较省钱。

用的"省钱"

专家建议,购买空调时最好买能效比为三级的空调,虽然低能效空调价格比较便宜,但使用起来却比较耗电。以1.5P空调为例,按一年使用空调6个月时间来计算，使用三级能效空调要比五级能效空调每年省钱200元左右,10年时间就可以省下一台空调。如果你不想花太多的钱买高效空调又想节约电费,最好购买三级能效的空调。

服务"省钱"

空调行业内素有"三分质量,七分服务"的说法。空调在安装前只相当于半成品,安装的好坏,直接关系到空调的使用安全、效果和使用寿命等问题。空调的售后服务也非常重要,是否提供上门维修服务、维修服务多少、质量好坏都是要考虑的因素。

如何买电脑更省钱

从技术方面来讲,目前市场上销售的各种品牌家用电脑都采用成熟和公开技术的硬件产品,它们之间最大的不同在于品牌间质量、售后服务及详细配置上的区别。

在选购台式电脑时可遵循"够用、适用、好用"的指导原则。在购买之前,首先要明确购买电脑主要用来做什么。电脑只要自己够用就可以,不用和别人比谁的配置好,这样一来就省钱了。如果是家用电脑,可以买台式机,而不是笔记本电脑。台式机不仅便宜,也更结实。

其实大家到电脑城里去买电脑,并不是直接和电脑的生产厂商打交道,而是和代理该品牌的各个商家打交道,所以大家要掌握好如何跟经销商打交道。归纳为如下几点:

第一,不要到综合购物商场去买电脑,因为综合商场至少要加收10%~20%的费用,再加上经销商的利润。不过如果你家里有商场的"购物券"那就另当别论了。

第二,多打听一些经销商,货比三家。目前市场上的品牌按照市场来分都有分销商和经销商一说,打电话到分销商处询问价格时不要告诉别人你是个人,告诉他们"我是某某电脑城的",至少可以便宜数百元的报价。

第三,经销商告诉你,他给你的价格特别优惠,譬如说是代理价之类的,你千万不要轻信。他们绝对是有利润空间的,只是某些内幕你不了解罢了。尽量告诉他们,你是某单位或者可以组织学生会团购一大批之类,先拿一个批发价私人买一台,好用的话单位学校集体采购的时候就照着这个买。相信商家会给你一个较低的卖价。

第四,不要轻易相信经销商告诉你选择的机型停产及缺货之类的话,他这么做,一种可能是因为你选择的那款机型性价比高,经销商的利润少;另一种可能是因为他规模实力不够没有经营该品牌,或手里没有备货。而经销商的最终目的当然是向你推荐利润高的型号或者手里有的现货。所以你一定要坚持自己想要的,对经销商的话要仔细辨别清楚才行。

第五,现在的低价位家用台式机几乎都没有标配音箱。当你购买音箱或摄像头之类相关配件的时候,应尽量货比三家,不要轻信别人。譬如有的厂商给商家的代理和零售差价低的只有几十元,最高的不超过400元,卖得最好的机型通常只有一两百元,所以十有八九的商家会在配件这个价格相对不透明的地方狠狠地宰顾客一刀。看着电脑买得很便宜,其实利润全从配件上出来了……所以还是一句老话,想要省钱,买配件也要货比三家。

第六,关于随机大礼包,买电脑的时候一定请先打听好一些促销的赠品,有些还是送微软光学鲨鼠标之类比较好的礼物,如果单独买要160元(当然各地可能也有一些出入),并且一般送的礼包都是原包装,质量也要好一些,不要被经销商给吞掉。

电热水器挑选有讲究

购买电热水器时,在容量选择上应主要考虑家庭人口和热水用量等因素。一般额定容积为30~40升电热水器,适合3~4人连续沐浴使用;40~50升电热水器适合4~5人连续沐浴使用;70~90升电热水器适合5~6人连续沐浴使用。

归纳起来,在选购时也是有讲究的:

第一,外观检查。外表面烤漆应均匀、色泽光亮,无脱落、无凹痕或严重划伤、挤压痕迹等;各种开关、旋钮造型美观,加工精细;刻度盘等字迹应清晰。

第二,严防假冒伪劣产品。假冒伪劣产品往往采用冒牌商标和包装,或将组装品牌冒充进口原装商品。此类商品一般外观看起来比较粗糙,通电后升温缓慢,达不到标准要求。

第三,附件要齐全。

第四,电源插头的检查。接线要牢固、完好并无接触不良现象。

第五,通电测试、恒温性能检查。先看指示灯是否点亮,出水断电指示是否可靠。恒温检查时,将温度设定一定数值,达到设定值时,电热水器能自动断电或转换功率。如果能考虑以上几点就能让你在热水器市场上,买到省钱的好产品。

如何购买加湿器

随着秋季气温降低,人们普遍会出现嘴唇干裂、面部皮肤干燥以及咽喉肿痛、上火等症状。据专家分析,这主要是由于秋季空气过于干燥、导致人体水分流失过多造成的。因此,如何为自己选购一台加湿器,保障冬季呼吸健康成为人们关注的焦点。而如何选购一款省钱实用的加湿器呢?我们应该注意以下几点:

第一,选择国家认可的专业品牌。由于目前国内还没有出台加湿器行业标准,就使得一些杂牌加湿器企业为追求短期效益,生产中又缺乏自律,在原材料的采购、生产以及工艺上以次充好,这样的产品虽然价格便宜但质量和安全性都得不到保障。

第二,选择适合自己的加湿器。在选购加湿器时,应考虑房间面积大小。房间越大, 所需加湿量越大, 此时就要尽量选择具备湿度自动平衡功能的加湿器,加湿量越大的越好。由于加湿器中的水随时可能用完,所以应选择具备无水自动保护装置的加湿器,可以防止干烧现象。

第三,权衡三种加湿器的利弊。目前市场上销售的三种类型的加湿器可以按自己的实际需要进行选择。其中超声波加湿器的优点是加湿强度大,加湿均匀,加湿效率高,节约能源,使用寿命长,湿度自动平衡,无水自动保护;它的缺点是对水质有一定的要求。纯净加湿器目前多采用模糊控制,可以随着温度、湿度的变化自动调节加湿量,使环境始终处于恒湿状态。电加热式加湿器利用发热体将水加热至沸点,产生水蒸气释放到空气中。它的缺点是能耗较大,不能干烧,安全系数较低,加热器长时间使用后,容易出现结垢现象,同时由于其释放的是热蒸气,有发生烫伤的危险。

第四,选择加湿器要根据加湿器用水水质而定。用纯净水的家庭、水质好的地区,选哪种都没关系。水质差或是需要加湿的房间空气质量不好,就应选购纯净式或是电热式的加湿器。

精挑细选吸油烟机

日常生活中,无论吸油烟机的形式如何变化,选购时都要有一定的原则:

不要轻易相信广告宣传

无论再好的吸油烟机,任凭其广告介绍如何不沾油、免拆洗,因无油烟净化装置或净化过程,都难免要被油烟所污染。

千万不要选择塑料涡轮扇叶机

有些生产厂家为了降低成本,将风机的涡轮扇叶改用塑料质地的。在厨房这样的环境中,塑料涡轮扇叶容易老化变形,也不便清洗,所以应尽可能选购金属涡轮扇叶的吸油烟机。

不要太看重油烟自动探测功能

有的吸油烟机通过安装感烟探头来实现吸油烟机的自动开启,受成本的限制,这些简易的感烟探头经不起厨房的烟熏火烤以及油烟污染,很快就会失灵,所以吸油烟机的油烟自动探测功能中听不中用,没有太大必要为选用有此功能的吸油烟机而增加花费。

尽量不选网罩和风机涡轮扇叶难拆的机型

吸油烟机的清洗是用户购买后日常维护中最主要的工作。如果拆洗困难会给日后的生活带来许多麻烦。因此,选购吸油烟机时应选用那些不用任何专用工具便能轻松拆卸下网罩和风机涡轮扇叶的机型,同时还应仔细观察吸油烟机的集烟罩表面不应有接缝,以便更彻底、更方便地清洗。

前面已经提到了选择吸油烟机应该坚持的几个原则。如何选择合适的吸油烟机也是大家现在关心的问题。下面介绍几款适合不同经济条件家庭的选购方案:

第一,作为经济条件一般的家庭可以选购浅型吸油烟机或亚深型吸油烟机,这两款吸油烟机价格比较便宜,但吸油烟的能力不算强,使用者可以在炉灶上方、吸油烟机的两侧加装柜子或挡风板,这样可在吸油烟机的吸风口造成负压区,加强吸油烟机的吸油烟的能力。

第二,经济条件较好的家庭建议选购深型吸油烟机,这是性能价格比较优良的机型,广为大多数家庭喜爱,而且深型吸油烟机外观款式比较多,便于人们选购,可以与厨房装修的颜色、布局相匹配,达到浑然一体的效果。

第三,经济条件良好的家庭可以选购欧式吸油烟机,现在此类吸油烟机的外观材料多数为不锈钢板和玻璃,给人以新潮现代的感觉,很适合与新潮现代气派的厨房装修相匹配,厨房装修采用西方现代风格的居民可选用欧式吸油烟机。

第四,如果讲究生活环境宁静舒适,且经济条件良好的家庭,可以选购分体式吸油烟机,此类吸油烟机安装较为繁琐,但使用时噪声很小,可以创造出宁静的家居生活。

总体来讲,吸油烟机的选用安装选择很多,但在安装排气管道的时候除了要美观之外,应注意避免管道弯位过多,因为那样会影响吸油烟机吸排油烟的效果。

选购一台称心如意的数码相机

相信大多数朋友都有去过数码市场买IT产品的经历。在数码卖场中,在面对这些琳琅满目的产品时我们应该理性地面对。俗话说,买的不如卖的精,面对形形色色的促销活动,如果我们能够淘出物超所值的东西自然更好,否则退而求其次,买到比平时便宜的数码产品也就够了。

多方打听方能探出底价

俗话说知己知彼才能百战百胜,在购买东西之前,能够知道这个产品的实际价格很重要。在卖场中的所有商家所报出来的促销价格都没有标明原价是多少,所以这时候你在购买产品时就要小心了,一定要多到几家柜台打听,方能大概估计这款产品的底价,有了这个过程,才能往下谈价,否则就会将东西买贵了。

比较来说,数码相机、数码摄像机促销政策很明显,各款参加促销的产品都在醒目位置有着明显的促销说明。当然,这些名牌厂商的定价都很统一,到网上或者报纸广告上一查也能找到厂家定价。这就需要做好购买的前期工作。

将赠送礼品折合成现金砍价

商家在促销期间赠送礼品已经是我们习以为常的一种促销形式,送给顾客促销礼品的唯一目的就是让顾客不再有往下砍价的机会,其实这和砍价是一个道理,一不注意,很有可能得到促销礼品的价格比平时没有促销时购买的价格还高,所以还不如直接砍价。由此需要提醒各位,关于是否享受促销礼品和继续杀价的问题上,一定要权衡得失。

通常情况下,商家爆出的促销礼品价格是这些礼品实际价格的1.5倍或者更多。那我们就可以先和商家谈好得到促销礼品时候的礼品价格,然后再突然发难,告诉他们将促销礼品的价格折价到你所购买的产品里去,这样你所购买的这款产品的购买价会降下许多。还有在产品的选择上特别要注意品牌质量的性价比。

便宜又方便的网上购书

在中国,最受欢迎的网上商品应该说是书籍了,56%的网上购物者选择网上买书。中国网上购书的比例全球最高,不仅上班族和学生族都在网上购书,就是一些上了年纪的老人也在尝试这种新鲜事物。

目前,当当网算的上是国内规模较大的一家中文网上书店。据当当网的一位负责人表示,97%的用户选择在当当网上购书,是因为价格便宜;95%的用户则是被送货上门这一点所吸引。

用户在购书网站可以通过搜索引擎,轻松查询到书籍的任何信息。而网站上的排行榜,更直观地告诉用户哪本书处于热卖当中,触发用户的购买冲动。

现在,比较出名的网上书店有当当网上书店、卓越网上书店、亚马逊网上书店、8848书城、大洋网等,大城市一般可以货到付款,收取一定的送货费。

那么,怎样才能用最省钱的方式在网上书店购买到自己喜爱的书呢?

有比较的购物

利用豆瓣网的价格比较功能,挑选最便宜的书。网络让我们足不出户就可以货比三家!

善于发现代金券

在Google搜索"当当代金券"、"卓越代金券"得到的结果是一堆又一堆,不过通过搜索引擎找到的随取随用的代金券最多只是5元面值,若需要更高面额的购书券,就需要你在日常生活中多加留意了。在大街上可能有人给你塞传单,在其他网站上可能有当当、卓越的抽奖送券活动,诸如此类。会理财的人总是细心的人。也印证了这么一句话:生活中不是缺少代金券,而是缺少发现代金券的眼睛。

努力成为VIP会员

成为VIP会员后可以享受折上折优惠,这种传统促销手段在网络书店上屡见不鲜。蔚蓝网还有分等级的VIP制度,如同关卡游戏般设置。遗憾的是VIP会员在网络书店上的省钱效果并不明显,降幅平均达5%~10%。不过一个人想要累积积分达到VIP不是件易事,除非你是超级书虫,否则还是拉帮结派吧,和朋友们共用一个账户积分。众人拾柴火焰高,众人积分升级快!

返利计划

豆瓣网目前最有效的盈利模式便是推介用户到各网络书店进行购书,然后从购书款中提成。由此你应得到如下联想:既然有推介费,为什么我不能自己推介自己去购书?答对了,你完全可以!不过目前的推介资格不是谁都可以得到的,因此出现了51返利网之类的中介性质网站。通过51返利网链接到网络书店购书。原本由书店返还给推介商的费用能够部分回到你自己的口袋里。如卓越和当当给用户的返利能够达到12%,基本可实现折上再88折了!

注册新用户购书

这一招相当绝,但不是长久之计。对于注册的新用户,各网络书店总是有不同的奖励手段,或是直接给账户注入小额资金,或是赠送代金券。

网上"抢抢"试用品

试吃试用已经成为商家推广的重要手段。而互联网促进的网民在线互动体制的发展,却无意中催生了"抢抢族"。对于"抢抢族"来说,最大的乐趣就是发现各类商品的免费赠送信息,并通过网友合作"抢"到手。

各类护肤品试用装、猫粮、迪斯尼饭盒3件套、免费品尝咖啡、免费试吃甚至还有手机,这些都是被称为"抢抢族"的网友在网上免费"抢"来的宝贝。为了得到这些东西,"抢抢族"每天都会在网上收集商品免费赠送信息,并参加抢先注册、玩游戏、发帖子、竞猜等各种活动。这类"免费试用"活动每次都吸引了不下百人,甚至超过千人参加。现在,"抢抢族"正在各大城市迅速扩展,"把喜欢的东西抢回来!"就是他们的口号。

"抢抢族"一般会长期泡在人气较旺的城市消费网站、时尚论坛以及"试客"官方网站上获取各类免费优惠信息。他们在网上不仅交换优惠信息、展示抢来的宝贝、分享"抢宝"攻略、举报虚假信息,甚至还发展线下交易,互换宝贝。

你也可以做一个"抢抢族",当然还不止吃饭而已,现在人气较旺的城市消费网站、时尚论坛以及"试客"官方网站,到处都有免费试吃、试用和试学的机会。

手机、MP3、大餐、化妆品、汽车和电视节目,你能想到的新鲜玩意儿,都有机会免费获得,只要不怕就此成了小白鼠。当免费试用的"抢抢族",还是需要点技术功底和运气的。首先,要有足够的耐心和时间,没事就泡在各种试用网站上,抢先注册,玩游戏,答题、发帖子。以试车为例,参与新车评价一次,就可以获得至少200元的鼓励。一些"抢抢族"成为骨灰级试客后,每个月不仅能白吃白用,还可以拿到1000元左右的收入。

当然,试用产品也是有风险的,需要不怕浪费时间,不怕各种过敏反应,也不怕信息被泄露。但只要养成以不变应万变的忍耐,皮肤和个人隐私受点损失也算不了什么。而且,试客也是一个江湖,也可以借由试用的机会扩大社交网。做"抢抢族",总比跑到超市里狂吃免费品尝的水果香肠有面子。

不过,"抢抢族"在利用网络的同时,应该注意调整自己的心理状态,避免形成过度依赖网络的心理。专家还建议,对于免费赠送的护肤品、食品等应持谨慎态度,小心使用。参与网络活动的时候,网民也应该谨慎小心,应注意个人隐私被泄露的风险,因为大部分活动都会要求网友提供真实的个人信息。

最常见的试用品就是在超市试吃的某些食品,不过这有个缺点——所有的东西都是小份装,现场解决,不能带走不能分享。而且,尽管促销员不会翻脸,但是为了吃点东西在超市转悠半天也实在是得不偿失,所以这种"试用"还是以自然为妙,太过强求和刻意就失去很多乐趣了。

除此之外,一种专业的试用品领取渠道也在日益流行,比如专业的试用品领取网站万试网以及实体的白领样品的百领馆等等。除了百领馆以外,大部分试用渠道都依托网络,用户登记注册之后就可以领取一些商品的试用装。和超市提供的免费派发相比,这些网站提供的商品档次要高不少,很多都是知名化妆品牌,有些还是国内不太常见的牌子。不过,这类网站有的需要填写个人资料,有的需要参加活动换取积分,其中得失就需要你自己把握了。

尽量少刷信用卡,坚持现金购物

信用卡的出现的确给人们带来了便捷,但由于它刷起来往往没有感觉,所以人们花起钱来就比较大手大脚。这也是信用卡为什么会让很多人债台高筑的重要原因,正是这张小小的塑料卡给有些人带来了不可估量的苦恼。

在美国,单单信用卡带来的社会欠款就让人惊讶至极,因此也引起了社会的极大关注。澳大利亚也不例外,因为信用卡的使用,使得很多年轻人,甚至是刚毕业的学生就背着数千美元的欠款。所以如果你能每月支付你的费用,就不要随便用信用卡去继续透支。

最好能用现金就用现金,这样有助于控制消费。就算用信用卡,也只用一张,并且坚持每月还清账单。

因此,身上不要携带过多现金和超过一张信用卡。如果你现金不足,你就要想清楚有没有必要动用信用卡。为省钱起见,你去商场只需带够买你想买的东西的钱,另加喝一瓶水和坐车的钱就够了,同时要纠正凡外出归来都花光袋里每一分钱的习惯。最后,在购物时要坚持实用至上的原则。有些价钱不菲的东西可能你只用一两回,而别人又用得着,那么,你不妨和邻居、亲朋好友联合起来购买。这样不仅省钱,而且也能物尽其用。

购买化妆品省钱高招

通常,女人选购化妆品真是一件费时又费钱的事。下面教你几招,让你既可获得超值享受,又不至于囊中羞涩。

了解自己冷静出手

很多女人买化妆品舍得花钱,但是品牌忠诚度很低,往往会被赠品的多少而左右,而忽略了对自己需求的认真考虑。而且,很多女性好奇心强,对每个大牌都充满着试用的兴趣,同时又对自己的肌肤缺乏足够的了解,因此在面对各种各样的品牌时往往无所适从,只好从经济上考虑,选择赠品最多、价格最低廉的。其实。只有买到适合自己的产品,才是真正的省钱。

只选对的,不买贵的

选择便宜又正规的产品是第一原则。专柜的售货员往往会告诉你这个如何如何好,那个有什么额外的功效等等,千万不要经受不起诱惑,要知道,便宜的一般产品对我们来说已经足够了。那些好的产品,等到我们需要了、化妆技术熟练了、荷包满满的时候再用也不迟啊!

购买换季产品

换季产品减价销售在化妆品中有些是属于季节性的,比如防晒类,又比如润唇膏,前者更多用于夏季,后者则是冬季产品。换季时,商家为避免产品积压,会削价出售,因为化妆美容品在未开前保质期相当长,至少1~2年。所以这时买,来年再用也不会变质还比较划算。

根据用量购买

每个月用量较多产品,尽量买大包装的,比如洗发水、润肤霜、面膜和清洁液,通常大包装因减少包装程序而更实惠,化妆品则建议大家尽量购买小包装的,因为化妆品一经使用,保质期就会缩短。如果在变质前用不完就只有丢掉的份,当然会造成浪费。这里最需要注意的是睫毛膏,其寿命通常为六个月。

善用代替品

最好能买一种中档保养品中的精华保湿露代替昂贵的眼霜,专门用于睡前眼部滋养,效果相当好。另外,你可以用婴儿油代替沐浴后的全身滋润霜,价廉而又无刺激性;你还可以自购一些卫生棉剪成许多小圆片,代替化妆棉来卸妆。

化妆用品合二为一

对于化妆技巧熟练的女性来说,很轻松就可以做到这一点。比如将眉笔兼作眼线笔;一支粉刷既上粉又涂腮红;睫毛刷有时可用来理顺杂乱的眉毛;或是使用滋润唇笔而不用唇膏。

交换赠品

朋友之间互相交换赠品相当于花原来的钱,买到了更多品牌的东西。而且还是自己喜欢的化妆品。

与朋友合买分摊

如果是套装类的化妆产品,最好与朋友一起合买,各取所需,既省钱,又不会因为买了多余的产品而造成浪费。

减肥与省钱两不误

天下所有的女人,包括胖的和不胖的,大家都在热衷减肥。最近几年间里,各种减肥药物纷纷问世,减肥健美俱乐部在这种风潮中也应运而生,各种减肥瘦身衣、瘦身鞋、瘦身膏让女人们眼花缭乱,目不暇接。还有各种减肥、吸脂的器械不断推出,电视上的广告铺天盖地,让女人们心里犹疑不定。

正因为如此,才使得女人们每年花在减肥及相关产品方面的金钱不计其数。下面就介绍几种简单省钱的减肥方法:

减肥茶:品茶中快乐减肥

自古以来,茶的历史悠久,品种很多,功效各异。可以瘦身的茶也很多,爱美的女人们可以轻轻松松"喝掉"身上的脂肪,这些茶价钱相对减肥食品要便宜很多,轻轻松松就能搞定。

普洱茶

胃里积食不消化,不但影响肠胃功能,而且会使脂肪、糖分得不到正常的消耗,继而导致肥胖。普洱茶可以帮助消化、消除油脂,有明显抑制减肥反弹的作用。普洱茶叶适量、干菊花5朵,热水冲泡。

大麦芽茶

体内排气不畅就容易造成腹胀和胃胀,饮用大麦芽茶开胃健脾、和中下气、消食除胀。炒麦芽1克、山楂1毫克,加冰糖水冲饮,长期饮用有减肥作用。

柠檬茶

既能消脂、去油腻,又能美白肌肤。柠檬切片,榨出柠檬汁,用温水冲调,加入适量蜂蜜。

山楂茶

山楂茶能消除油脂,帮助排泄体内废物,散淤化痰,对喜欢吃肉的肥胖者更为适合,山楂10克,用水煎煮后代茶饮。

菊花茶

清火、减肥最方便的饮品,几朵干菊花,直接以热水冲泡。清暑退热解毒、消脂肪、降血压。

减肥水果:美味又减肥

还有许多的女性朋友都喜欢节食减肥,其实用这种节食方法减肥,那种饥饿感是最难克服的,这个时候不妨用水果来代替一下。

小番茄

要选有点硬度的,大小适中。多吃可以瘦脸。里面含有的番茄红素可以抗癌,而且40岁以上的男性多吃番茄还可以预防前列腺癌。随身携带一盒小番茄,走到哪都可以吃,对上班族来说,也是很方便的水果。

苹果

轻轻敲打苹果,发出清脆的声音,颜色漂亮、红润的苹果最好。经常食用可以瘦小腹,帮助小腹保持平坦。

奇异果

用手轻压要软硬适中,过熟的奇异果的皮,看起来有点儿像是变薄或看得到果肉的样子。含有丰富的维生素C,可以增强肝脏免疫功能,同时维生素C对皮肤好,可当做营养补充品。

芭乐

芭乐可以取代正餐,热量低、养分足,中午吃一颗芭乐外加一点清淡的食物,就是饱足的一餐,但是热量不超过50卡。这样可以减少卡路里的摄取,又有足够的养分支持身体活动,是减肥圣品。

其实,减肥的方法很多,像喝减肥茶、吃减肥的水果或作运动,都可以达到减肥的目的,而且不必花大笔金钱。

第三章

爱玩更要会玩
——花最少的钱享受高品质生活

电影迷的省钱窍门

现在电影市场里的电影动不动就是大制作，对于大制作的电影来说就非得有影院的那种宽银幕、高音效才能看出效果，不菲的票价，对有些人来说偶尔看一部也还能接受，可如果对于那些电影发烧友，那可经不起隔三差五这样的消费啊。

错开高峰享受半价

几乎任何一家影院，在特定的时间段都有达50%的优惠，而一般的优惠时段都是中午12:00前和晚上22:00以后。也就是只要你错开下午和晚上的黄金时段，就能节省一半的花费。

办会员卡能打八折

朝九晚五的上班族自然是赶不上影院的打折时段了，那么选择办理一张常去影院的会员卡也是一个省钱的妙招。任何商家都会对会员有一定的优惠，影院也不例外。只是每家影院会员卡的购买成本和使用规则都不尽相同。如果要求会员一次充值金额过高，而你又不常去，那办会员卡也可能会得不偿失。

巧用特殊优惠

周二半价全国通行。所以你只要肯付出耐心，等待就可以省钱；影院往往推出团体优惠票，通常是普通票价的一半。一般银行、IT公司等"绩优"单位都有团体优惠票，如果你身边有这些单位的员工，从他们身上多半能"淘"到优惠票;影院还会不定期推出其他优惠活动,比如用指定某行的信用卡买一送一,女士周末看电影免费等,甚至在有些餐馆就餐就可获赠免费电影票等。

泡吧时的省钱招术

酒吧是个令年轻人欢快与沸腾的地方,也是令许多年轻人钱包迅速干瘪的地方。夜夜笙歌自然人人都欢喜,如果欢喜之外能少点割舍银子的痛苦,那可真是一大快事。

泡吧到场时间有讲究

如果朋友约你去酒吧,不要准时更不要提前到场,要姗姗来迟,这样你不用埋单也能喝得心安理得。不过喝酒不能太多太猛,不要看上去太"吼"。如果觉得有些过意不去,那就买点便宜的下酒小吃,花生米、鸭脖子之类的,也就10元一份,以此证明自己并非白吃白喝。

怎么喝到免费酒

当然也不能每次蹭酒喝,偶尔几回你也得吹吹哨子组织组织场子。那该怎么省钱呢?最好混个酒吧的朋友,一来或许可以喝点儿免费酒,二来也不会错过他们的一些活动,比如他们有时为了增加酒吧人气而喊人来免费喝酒,或者某些酒水免费促销。当然,如果你能拿到一些酒吧的免费酒券那是再好不过了,它会让你在泡吧时显得更加豪气十足。

喝酒也有讲究

如果没有免费酒来请客,那么就玩点小花招吧。

人少的时候,最省钱的酒是扎啤,钱不多,量比较大,而且那么大一扎放面前看着也舒坦。没有扎啤就选择瓶装啤酒,一瓶也就20多元,再能喝也喝不了多少瓶。要是这啤酒还是喜力的话,嘻嘻,那就更喝不了多少了,因为喜力味道偏苦,特别耐喝。

人多(超过5人)的情况下,自然是选择洋酒套餐比较划算了,按照酒吧里啤酒的价格来算,如果是5个人的话,喝20瓶轻轻松松就没了。一般洋酒套餐也就400~600元,如果是六七个人喝啤酒,恐怕也要喝到这个量,但洋酒看起来就体面多了。如果能自带软饮,用冰块加软饮稀释后,喝起来就没那么烈了。

K歌消费省钱路径

很多人经常性或在周末、节假日等到KTV消费,据调查超过七成的人每次人均消费在70元以上,"麦霸"市场消费潜力巨大。那什么样的KTV最吸引消费者呢? 到哪个KTV最省钱呢?

到KTV消费省钱路径:

掌握好消费时段

到KTV消费弹性非常大,一个中包晚上是每小时50元,白天就可能便宜到每小时25元。所以算好时间段消费对于节省"银子"是非常重要的。

善用会员卡

一般各家KTV广场对会员都有所优惠。以钱柜为例,对会员收取30元工本费,办理会员卡后,特大房以下的房间可以参与打折。好乐迪规定,交纳10元钱就可以办理会员卡。在19时以后,唱满3小时房费可以打9折。怡东则是100元办卡,办卡后可以免费唱一天,按小时计房费则可以打5折。东方金柜花30元办卡享受60元赠券,18时到24时,持会员卡可有不同程度优惠。

自带点零食

量贩是各类KTV最主打的营销点,一个小超市,让大家可以自由选择,但价格也比外面稍贵一些。唱歌时不妨自己提前买点零食,然后带进KTV包房,这样可以节省不少钱。

网上冲浪省钱秘诀

在互联网上冲浪是激动人心的,虽然网络资费一再下调,但上网的费用也还是令人心惊肉跳的,时间就是金钱,下面是上网冲浪的几点省钱妙方。

第一,注意选择ISP。选择一个好的ISP是非常重要的,有些ISP提供的传送速度较低,而各个ISP几乎都提供一些时间优惠的服务。

第二,硬件配置尽量高。一只好"猫"是必不可少的。通常选择支持V.90标准的56K"猫"就不会有任何问题。

第三，用E-mail订阅指定信息。Internet上有一个能充分发挥E-mail特性的Mailinglist可以让你像订阅报刊一样，每天都将Internet上指定信息放到你的邮箱中。因为传输邮件信息要比传输页面信息快，所以利用E-mail订阅邮件不失为一种节省费用的好办法。

第四，最好离线浏览资料。现在有许多功能很强大的离线浏览软件，有的甚至可以把整个网站的内容拽到你的硬盘上，然后再让你慢慢欣赏。这对于你浏览新闻、公告等含有大量文字、图形的网站非常有帮助，能大大节省上网时间。

第五，充分利用搜索引擎。由于Internet上的信息浩如烟海，如果没有搜索引擎，我们很容易迷失其中。有时在Internet上访问十几个甚至几十个网址才能找到需要查询的资料，利用搜索引擎的强大功能可以迅速准确地找到你所需要的资料，提高上网效率。

第六，配置好浏览器。可以在浏览器中设置下载图像、动图、声音或视频信息。这样可以大大提高浏览速度。当需要查看图像或动画时，从鼠标右键菜单中选择"显示图片"就可以了。

第七，利用FIP的断点续传。我们在下载一个很大的文件时，往往是下载的速度越来越慢，有时竟很长时间没有反应，这时你可以中断下载再重新连接，其速度是中断前的3~5倍。

第八，选择上网时间。如果你选择的是国内的站点，选择下半夜上网速度会快一些，但如果你要访问的是美国站点，则要选择每天上午。

第九，反复进行操作。有的时候我们浏览网页时，浏览器会迟迟没有回应，"猫"也毫无反应，那就试试Reload，一般情况下浏览器会马上有反应，而且速度变得很快。

第十，利用国外的FIP站点。如果你要下载的文件实在太大，而当时网络传输又确实太慢，那么你可以给国外的一些FIP站点发一封E-mail，讲清楚你要的文件是什么，在哪个站点。这些免费提供FIP的服务器会在几天后将这个文件用E-mail的形式发给你，节省你的费用。

第十一，由于声音、图形传输比文字传输慢得多，你可以把你浏览器选项中的声音和动画关掉，以加快浏览速度，想查看时，点击鼠标右键下"显示"选项即可。

第十二,对于那些传送速度较慢的站点,不要死守一个窗口,可以打开多个窗口,同时浏览多个网站,充分利用Modem的功能节约时间。

第十三,把常用的网址进行归纳整理,然后制作成一张主页,将这些网址的链接放入主页中,再将浏览器的起始页设置为该主页,这样,就不必每次上网时查找网址而耗费时间了。

第十四,下载文件时如果速度非常慢的话,不妨中止下载,另找别的联接速度较高的网站去看看。

团体旅游的省钱大法

通常,团体游因其费用与安全的优势,一直都成为很多人出门旅游的首选。然而机票涨价、住宿紧张、景点提价,旅游花费也随着水涨船高,在种种看似不可回避的涨价因素背后,有哪些是可以避免的"冤枉钱"呢?

"半生助"省心又省钱

参团虽然是最省钱省心的旅游方式,但随着人们对出游越来越个性化的要求,参团的束缚就成了很大的弊病,于是"半自助"应运而生。所谓的"半自助",是指通过旅行社订房订票后,几个家庭,或者一个单位组成十余人的小团队,由旅行社建议行程,并根据自身需求进行微调。这样的价格远低于完全的自游人,而又享受了自游人自己作主的乐趣,省事又省心。目前,这种"半自助"的形式当下非常流行。

黄金周后半段出游比较划算

虽然在黄金周的7天内出游价格会很贵,不过仔细比较,这7天之内的价格也是有高低之分的。出行较集中的第一天价格总是最高,而越到后期就越便宜。所以在黄金周后半段出游通常都比较划算。但如果你平时很少有假日,在这时段哪儿也不去,清清闲闲地睡几天,也是很不错的一种消遣。

价格太低未必好

参团时要了解清楚所含服务内容,以免上当。有的旅行团虽然价格便宜,但有不少自费项目以及强制购物等,算算反而更不划算。一些大旅行社推出的优惠线路,或是因为包机优惠,或是与景点合作让利,都情有可原,但若小旅行社推出低至匪夷所思的价格,则需要特别小心,他们可能是让你坐深夜班机、住低标准酒店,或减少景点等,因此在参团前应搞清楚行程含金量。知名度高、信誉好的大旅行社旅游团是值得推荐的。

冷门线路服务有保障

在出游时可以选择一些较冷门的线路,这些线路的相关景区往往会有许多优惠政策,其门票、住宿和餐饮的价格也会相对便宜些。而因为是冷门,游人少,其服务质量就有保证,也避免了在热门景区常见的"只见人难见景"的郁闷。旅行社新推出线路时,由于缺乏知名度,往往打出一些"优惠"价格以招揽客人,选择这些线路出行,也会获得相对较高的旅游质量。

自助旅游的省钱大法

一般情况下,外出旅游跟团走虽然简省,可旅游时间不自主,总是玩得束手束脚,不能尽兴。然而自助游的优点就在于自主性比较强,可因为缺乏团体的优势,在旅游费用方面可能会更高,所以不得不想一些省钱的方法。

住:出门前提前计划

对于旅途中劳累的人来说,有个舒适的小窝是非常重要的,星级宾馆的住宿条件自然上乘,但高昂的房费显然也让许多人很心疼。有没有一种既便宜又舒适的住宿方式呢?当然有,那就是新兴的家庭旅馆,不仅家电一应俱全,而且还可以享受主人为你做的具有当地风味的特色餐,价格还可能只要每晚50元。只是这种旅馆很少,所以出行前需要在相关的网站做一些搜索,寻找被人推荐的住户。

还有就是一些单位招待所也是个不错的选择,如银行、武警、商业系统、学校等的内部招待所,它们大多价格便宜,每晚60~150元之间,在卫生与安全方面也相当有保证。

如果上述两类都没有适合的,则可以考虑交通方便但不太繁华地段的旅馆。因为这些旅馆的价位一般比较便宜,尽管位置稍偏,不过即便加上出行的"打的"费,其综合费用也会比繁华地带的酒店要低很多。一些建在景区内的酒店也算是个不错的选择,不仅省去了交通费,还有可能免去几十元的门票费,因为有些景区是免收酒店客人的游览门票费的，比如承德避暑山庄的蒙古包宾馆。

如果是出境游，可以通过订房网站订房，折扣可观。如果你去越南，可以在网上搜寻私人经营的小旅行社，起草一封短信，发到他们的邮箱，他们就会帮你预订。当然，也可以直接向国内的旅行社询问，他们手上也会有许多世界各地的酒店介绍。

玩：争取团队门票折扣

如果是组织一个小小的旅游队一同自助出游，那在购买景点的门票时就很有学问了。要是能借一个旅游公司的联系单，那么景点门票则可以按团购价打折，一般可到七折左右。如果没有这个资源，凭着人多，与景点直接谈折扣也可以取得很好的效果，有时甚至会比有联系单拿到的价格更低。

食：向当地人打听餐馆

能够品尝各地美食是旅游中的享受之一，可一些名声在外的餐馆未必就物有所值，所以不妨向在那儿生活的当地人打听在哪儿吃特色小吃，他们的指点多半能让你吃到既正宗又便宜的当地美食。

行：陆地空中都省钱

如果你的出行时间比较充足，不妨选择火车作为主要交通工具。一来花费少得多；二来可以领略一路上的风景。

如果想要坐飞机的话，就需要提前预订机票则可享受优惠，且预定期越长，优惠越大。购往返票也有一定的优惠政策。

机票不比火车票，价格固定，尤其是国际机票，其价格空间是非常大的。如果你决定去某个地方，先要找到哪些航空公司有这条航线，然后挨个了解他们的价格。下一步就可以向旅行社或票务代理处询价了，最好让他们传真订位单给你，你会发现各个旅行社的价格与飞行计划都不同，选中对你来说最经济的一家即可。这个过程可能费点时间，但要省钱就得这样花工夫。为了保证座位，你也可以边问价格边订座，但当你最后敲定一家之后，要一一跟他们取消。

到了目的地后，如何选择交通工具呢？如果人多的话，包车是最好的选择。一来可以节省时间；二来节省体力；三来省去很多不必要的麻烦。包车要找当地的司机，并提前与他谈好价格，在网络如此发达的今天，这种信息是很容易找到的。

如果你想采取自驾游的方式进行旅游,不妨多走高速,虽然费用可能会高一些,但高速良好的路况会替你节约大量在途时间,也会减少旅途的疲惫,从而更有精力投入到游赏各地的风景名胜中去。

玩:统筹兼顾选好景点

出门旅游的最大目的就是玩,如何用好口袋里的每一分钱而使自己玩得更好是很值得研究的。在路线的选择上,首先要对自己旅游的景区有所了解,从中选出必去之地;在时间的安排上,则应留点时间去逛街,不仅省钱,还能了解当地的风土人情。

出行前制定计划是必不可少的。在行程的选择上,一些主要景点一定要涵盖到,以免因为没看到某一景地还要重游一次。此外,有些"养在深闺人未识"的景点也很不错,那里没有人山人海的游客,更不需购买门票,而风景同样秀丽。

还有一些项目未必要在旅游风景区消费,如温泉,哪儿都可以泡,不一定非要到以贵著称的风景区去泡。

购买便宜机票的法子

现在由于全球经济不景气,一块钱要掰成两半花。出门旅行的人也不得不考虑节省旅费。我们常常听到电视里报纸上说机票可以打两折三折,可是一轮到自己买机票,到处都是七折八折的高价票,有时甚至是全价。这究竟怎么回事呢?下面我来给大家介绍几种购买便宜机票的方法:

尽可能早的订票

每个航空公司都有一个预售系统,按照一定比例分时段发售折扣机票。一般来讲,订票时间越早,价格越便宜。一般提前15~45天订票是最优惠的,越是临近起飞当天价格越高。当然也不排除当天也能订到低折扣的可能,那是因为有团队突然退票,临时促销的行为,不足为凭。

通过网上订票

这是目前为止最省钱的购票方式之一,常会给您意外之喜。当售票处报价很高时,网上价格可能只需2~4折,最低可能达到1.8折左右,比火车票价还便宜。但这种特价票并不是随订随有，每个航班大概也就10~20张左右。所以一旦发现，就不要放过。此类超低特价，本是航空公司推广网络订票的一种促销手段，不可能海量供应。秘诀在于抢在别人之前订购，越早订越便宜。另一个秘诀就是反复搜索、多次查询。白天查了没有，晚上再查说不定能捡到别人刚刚退出的座位呢！另外，南航旅客还可以网上提前办理登机牌，选择到自己喜欢的座位。注意哦，最多有三次选择机会。

要注意的是特价机票一般都有限制条件，越是低价，限制条件越多，一定要仔细阅读。另外，选择南航等大型官方网站订购，防止上当。

办理里程卡

如果您是一位常年飞来飞去"空中飞人"，那么建议您办理一张里程卡。累积了一定里程之后，不但可获得免票奖励，还能够优先办理乘机手续，免费进入贵宾休息室，免费升头等舱等等多项优惠。省钱只是一方面，更重要的是感觉有面子。如果您飞成了金卡会员，别说空中乘务员，就算是航空公司的老总见了您，也得客客气气，谁叫您是他们的衣食父母呢！

航空公司与银行联合发行的联名信用卡

不仅加入了航空公司会员，享受会员里程奖励，在信用卡消费时也能赚取银行附赠的航空里程积分。

联程订座

如果您购票时，能确定回程的日期，不妨来回程同时订位，能够在已享受的折扣之外，再低半折。如果您一次出行要飞多个航段，则可以选择南航一种叫"纵横中国"的产品，航段越多，价格越便宜。折扣低得不可思议，前几段相当于火车卧铺，后面几段几乎就是公交车的价格，飞得您不想回家。

选择中转

远途行程（如东北、西北线），在拿不到低折扣的情况下，则宜选择中途转机，有的中转运价比直达票价便宜很多，部分航线还能提供免费住宿。如果您觉得转机咨询太过麻烦，不妨致电95539问询，这个号码的接线员百问不烦，服务上乘。

特殊人群有特价

航班起飞前5天订票，教师可以5折，学生则可4折。老年人优惠：年满55周岁，提前15天以上购票，最低可享受3.5折。伤残军人常年5折优惠。

个人出游,可加入旅行团

旅行社拿到的团队机票会比散客订票便宜一些,但一般会要求同时确定回程日期。如要临时改期,手续会比较麻烦。

避开高峰,不凑热闹

通常在旺季过后,航空公司都会推出大量特价机票。黄金周过后、春运过后、高考期间、开学以后这几个时期,特价满天飞,您可信天游。

注意识别真假票

发信息JP到10669018,或致电95539进行验证。

总而言之,只要您愿意花上一点心思,就能一块钱当两块钱用,花最少的钱飞到您最想去的地方。

住酒店省钱早知道

外出住酒店省钱的招数也是多多,下面就介绍几种实用的省钱招。

利用网上订房至少省三成

大部分酒店的门市价,都要比网上订房价贵出30%以上,如果能提前在网上货比三家之后,进行预订,还是能省下不少钱的。艺龙、携程等网站都能提供酒店预订业务,这些网站冬季促销的时候,相关优惠也会很多。

成为会员多获取积分

通常情况下,不少旅游网站以及经济型酒店都推出了会员服务,注册成其会员,可以获取相应积分,而积分积累到一定量就可以兑换机票、客房。以艺龙为例,目前预订"皇冠"酒店,可以额外获得5000积分,而在其新积分计划中,最低只需15000积分就可以直接兑换到酒店或者机票。

巧用联名信用卡

时下,不少网站与酒店都推出了联名信用卡,比如招行与如家推出了如家联名信用卡,艺龙与工行推出牡丹艺龙商旅信用卡等。使用这种信用卡除了可获得联名双方提供的双重积分奖励外,还能享受交通意外险赠送等相关促销活动。

掌握好订房的时间

宾馆饭店的报价往往会很高,但一般到了后半夜酒店会不惜代价把空房脱手。你不妨先到酒吧咖啡馆泡一个晚上,在12点以后再去酒店,和酒店销售员来一回"死缠滥打"定能拿到满意的价格。

巧与销售人员议价

如果您是临时出差,需要立即入住酒店,则可以考虑与销售人员谈价。由于酒店销售人员权力有限,谈价可以从三方面入手,第一,高星级酒店往往要加收服务费,你可以要求免去服务费;第二,酒店对大床房只提供一份餐,两人住也可要求再送一份;第三,酒店越高档次的房间生意会相对较淡。如果你想住套间的话,可以先向前台订一个比套间低一档次的房型,在谈价格时提出客房是否能升级,如果遇上空余的套间较多,酒店方一般都愿意妥协。

旅游纪念品莫花冤枉钱

大多数旅游者都有旅游购物的爱好,有些人往往在旅游中的"游"上花费不大,却为购物花去不少的钱财。那么如何控制自己不花冤枉钱呢?

首先是在旅游中尽量少买东西,因为买了东西不便携带,而旅游区一般物价较高,买了东西也并不合算。同时值得注意的是,切记莫买贵重东西,因为游客旅途仓促,往往来不及仔细检查,个别黑心商家会用各种方法出售假冒商品。游客一旦发现上当,也可能因为路远而无法理论,只好自认倒霉。

换句话说,真正体现该地区人文、历史风情的物品,未必会在景区内出售,比如西湖龙井,就生长在杭州郊区的梅家坞和翁家山,而不是西湖景区,所以,西湖景区的龙井价格不仅远远高于原产地,和北京也不相上下。

此外,旅途中必备的物品,如相机等最好提前准备好,免得临时抱佛脚,买了质次价高的物品。当然,到某地旅游时也有必要购些当地的特色礼品,一来馈赠亲朋,二来可以留做纪念。那么购什么好呢? 一般应购买一些本地产的且性价比优于自己所在地的物品,这些物品价格便宜,又有特色。

租车旅游如何省钱

平常,如果你经常租车出行,不妨申请为租车公司的会员。这样你不仅可以不用支付高昂的租车押金,而且还能获得很多优惠服务,如租金更低、免费送车上门、会员积分奖励等。不过你需要缴纳大约几百元的入会费和每年数十元的年费,虽然有些公司会推出免费会员卡,但其包含的服务项目非常有限,你只有支付相应的会费后才会成为他们的"金卡"、"银卡"会员,才能享受到最充分的服务。

使用信用卡

与中国相比,在国外租车一般是不需要缴纳高额押金的,只需要一张预存有一定外币金额的国际信用卡就可以了。在国内,大部分租车公司都接受信用卡,虽然多半不会因此而免付押金,但用信用卡支付押金仍然十分便捷。而且有信用卡,租车将更容易,因为有银行对信用卡持有人的情况审核,租车公司要承担的风险就大为降低。

提前预订

一般来讲,正规租车公司都提供免费的预订服务,取消预订也不会涉及费用。提前预订的好处在租车旺季表现得比较明显,一是能够保证自己租到喜欢的车,二是假如到你取车时租车公司因为供需情况而调高了租金,你依然可以享用预订时的低价格;如果调低价格,你也可以向租车公司提出降价要求,他们一般都会考虑。

自己加油

租车费用中一般不含油费,但租车公司的车在租出前一般都会上满油,因此在还车的时候,你要么将油箱加满,要么支付油箱未满部分的油钱,或者干脆在租车时先预付一整桶油的钱。第二种、第三种方式,租车公司可能都会追加服务费,第三种方式更可能损失一部分的油钱,因为你还车时车内剩下的油租车公司是不退钱的。所以,比较而言,在还车时将油加满更省钱一些。

利用合作公司

租车公司同民航、酒店、银行等旅游相关企业关系密切,因此在租车时表露你与这些公司的客户关系(如出示信用卡、会员卡等),则可享受到租车优惠,更有可能在民航上享受累积与租车里程相应的奖励积分。因此在租车前可通过查询租车公司的官方网站或电话咨询,了解其合作伙伴及最新优惠,以确认自己能拿到怎样的优惠。

最适合携带的旅游食品

一般来讲,人们在外出旅游之前,一般都会去超市选购一些食品以备途中的不时之需。那么应选购哪些旅游食品比较好?

新鲜食品

旅游食品一定要选择新鲜,色泽亮丽的,让人一见便垂涎欲滴。有关专家认为:到绿色地带应选择偏红色的食品;黄土地带应选择偏蓝色的食品;城市灰色地区则应选择褐、绿色食品。如果食品的颜色同所处环境的色调一样,就比较影响人的胃口。

多汁食品

含糖量较低的汽水、富含维生素的饮料以及水果等,既解渴又可以减轻旅途的疲劳。

营养食品

一般一个成年人在外出旅游时,每天要消耗约3000大卡的热量,相当于一个年轻体力劳动者的旅游食品。这些东西不宜吃得过饱,以免影响旅游行程。

风味食品

携带的旅游食品应具有多风味,互相搭配,以促进食欲。可选择一些自己喜爱的食品,在饮食不习惯时派上用场。在风景区旅游可以选购当地的传统特色食品,品尝风味小吃,即可饱口福,又可以得到美的享受。

柔软食品

一般在旅游中,人的体力消耗较大,容易口干舌燥,食欲不振,而柔软食品既新鲜,又易于消化。

"投奔游"既省钱又联络感情

一般到哪里去旅游,就去"投奔"哪里的同学是个不错的出游方式。国庆长假期间,这种被同学们戏称为"投奔游"的省钱旅游方式,得到越来越多年轻人的青睐。

这种旅游方式有很多好处:跟团游大多去一些景点名胜,而且匆匆浏览一番就算游过了,但自己去就可以在一个城市随意地停留,感受当地风土人情。还可以认识新同学,无意间也扩大了朋友圈。

现在的大学生具有相对宽松的时间,也有出去旅游的强烈愿望,但为经济条件所限。"投奔游"有方便、省钱的一面,应该是被肯定的。但同时出行之前,一定要与当地的同学沟通联系好,他们能否接待,所在高校的寝室管理是否允许暂住等问题都要考虑到。同时出行的同学和接待的同学都要把安全因素放在首位,无论如何都不能大意。

"无景点游"玩的自在又省钱

当有些人抱怨旅游景点人满为患的时候,一群人却偷偷地玩起了自助游的"升级版"——"无景点游"。

"无景点游"的特点就在于不住酒店,不进景点,没有指定的游玩项目,完全由自己规划行程,找自己感兴趣的地方观光休闲,真正做到"我的假期我做主"!

所谓"无景点游",就是与自由行、自驾游等类似的一种休闲旅游方式,但它又有别于自由行、自驾游。"无景点游"的行程中一般没有名山大川,没有名胜古迹,游客做自己想做的事,走自己想走的路。通俗地说,"无景点游"既不跟随旅行团,也基本不到收门票的景点游玩。有"驴友"这样解释"无景点游":驻扎到某地,吃吃饭,喝喝茶,随意安排行程,在城市大街小巷或乡郊野外悉心品味民风民俗。

现在的人们为了最大限度追逐休闲的目的,都纷纷选择这种"不逛知名景点、全程体验休闲"的"无景点游"方式。

目前在一些网站论坛上同样发现了这样的趋势:不少人都倾向于把常规旅行中必不可少的观光景点排除在外,享受彻底的休闲,在众多"无景点游"目的地中,西安、上海、苏州、青岛、厦门等城市尤为热门,而追随人群则大多是生活在都市的年轻一族,形式通常以家庭或朋友结伴一同出游为主。

对于这种新兴的旅游方式,旅游业内人士认为,"无景点游"其实对旅游者的要求更多,因此并非人人适合,而"安全"二字更要放在首位。须要提前作好出游计划,包括出游时间安排、住宿地点选择等等,最好在出行前购买旅游保险。

精打细算出境游

有些人或家庭可能会在岁末找个异国之地,放松一下,犒赏自己和亲人。精打细算,也是出游的乐趣之一。几条锦囊小妙计,不用复杂的金融业务知识,不用跑遍旅行社,就可以让你一切尽在掌握中。大家分享一下吧!省一点就相当于赚一点!

乘航班,积分积里程

如今,许多航空公司推出自己的会员卡,而一些信用卡也与不同航空公司合作,具有积分功能。根据你的航班选择积分积里程,也是非常重要的。如中信银行发行的万事达卡、国航知音信用卡都会满足国航乘客积分和享受服务的要求,而建设银行的万事达卡品牌东航龙卡,则让搭乘东方航空公司班机的乘客享受实惠。如果你飞赴欧洲旅游,积攒下来的往返里程积分,至少可以换一张国内短途的机票呢。

当然,如果你持有相关的信用卡,还可以享受乘航班升舱的优惠服务,这也不容错过。如VISA与国航合作,为金卡和白金卡或以上持卡人推出升舱礼遇:白金卡持卡人购买头等舱公布票价客票,可选择为同一航班出行的一位公务舱旅客免费升舱至头等舱。

选打折机票有窍门

要买到称心的低折扣机票,有几点很重要。一是机票的预订时间,提前15天以上进行预订,会享受到比较多的优惠。二是航空公司经常进行一些促销活动,如春秋航空公司的超低价促销,以及南航的1.5折机票,特价幅度都很大。消费者可以选择各航空公司有针对性推出的促销航班,享受到促销航班在折扣方面相当大的优势。三是尽量在周中出行,避开周末等客流量高的时间段。四是通过"去哪儿"这样的旅游搜索引擎,对主要的航空公司和机票代理商提供的旅游产品,进行一目了然的价格、服务或者时间的比较,更为便捷地找出最适合自身情况的选择。在此需要提醒的是"去哪儿"是对航空公司和机票代理商的网站进行实时链接,进而生成的搜索结果,一旦航空公司或者票务代理商的最低折扣机票售完,撤出航班列表,就无法搜索出结果来。

不乘飞机改坐火车

其实,目前有的国内游甚至出境游,只要算计好,不坐飞机坐火车,还会省一大笔费用呢。

少添一点,多玩一点

到达一个目的地之后,可以与当地的旅行社联系,参加一日游,只需要添一点点钱,就可以玩遍周边,省得下次再花钱。

捡便宜,碰运气

据了解,目前,一些电子商务网站在预订酒店时,推出了拍卖活动。如果你想捡便宜,碰碰运气也不错。万一没人和你拼价格,那么"馅饼"就落在你头上啦。据快乐e行电子商务网站相关负责人介绍,于元旦和春节前夕推出以10元价格起拍卖五星级酒店豪华间一日房价的活动,以王府半岛酒店为例,它的豪华间一晚房价为2800元人民币,现在,用户能够以非常低的价格享受到贵宾级待遇。总之,可以试试运气,说不定这个便宜就被你捡到了。

双币卡住酒店

一张双币卡可以使得消费者在全球畅行无阻,哪怕你想到南极洲去作一次探险。据了解,双币卡利用独有的全球网络可以帮助消费者以更实惠的价格入住最好的酒店。

比如,使用万事达卡在全球凯悦酒店以及度假酒店付账,每两次认可的入住即可换取一晚在凯悦酒店以及度假村的免费住宿。三天的住宿只须支付两天的价格,何乐而不为?

有保险出行才安心

在人们充分体验旅行的愉悦和购物的快感后,安全也是不可忽视的问题,而为了出行特意购买保险,既不划算又浪费时间。一张双币卡就可以让问题迎刃而解。

目前很多发卡银行都提供保险功能和福利,作为旅行支付工具的信用卡,在国外附加的旅行平安保险和海外紧急救援协助为申请人提供全方位的保障,除了人身意外保险外,有些卡种还有行李遗失险、班机延误险,甚至连劫机险均包括在内。

游港澳提现最省钱的方法

　　面对每年的各个假期,你是否有想去香港澳门旅游一下的冲动呢,而去香港和澳门这些地方旅游都面临着一个货币兑换的问题。这时似乎刷卡成了最方便的方法,可如何刷卡才最省钱呢?

　　拿内地银行发行的银联卡到港澳地区POS机刷卡消费无需交纳手续费,但港澳地区或者境外其他地方可受理刷卡的商户毕竟有限,若游客带的现金不多,还是有必要通过ATM机提现。

　　由于信用卡提现除了要收手续费还要收透支利息,所以建议持卡人若要取现就要带上借记卡。在港澳地区的银联ATM提现,持哪家银行发行的银联借记卡,手续费比较低呢?下面列举出来,供出游提现时参考。

　　部分银行在港澳地区银联ATM提现手续费如下:

　　工行:借记卡和贷记卡都是取款金额的1%加上12元的跨境手续费,最低13元,最高62元;贷记卡透支另付万分之五的日利息。

　　中行:长城借记卡和贷记卡取现手续费均为每笔15元。

　　农行:借记卡取现手续费为取款金额的1%加上12元的跨境手续费。

　　建行:借记卡取现费用按每笔取款金额的1%加上12元的跨境手续费,贷记卡取现的手续费是取款金额的3%,最低为3美元,另付万分之五的日利息。

　　交行:借记卡取现手续费是按每笔取款金额的1%加上12元手续费,最低每笔15元。

　　浦发银行:借记卡在港澳地区取现,每笔收18元手续费。

　　光大、中信、民生、深发等银行:借记卡在港澳地区取现每笔收15元手续费。

　　根据取现情况的不同,选择适合自己的卡,享受旅游的同时,也能做到省钱的目的。

境外购物怎样省钱

随着人们消费能力的增强和眼界的不断开阔，许多人选择了将旅游与购物合二为一的境外游消费方式。但是，怎样做才能最划算呢？

许多人为了避免出国买东西多花钱的冤枉事发生，事前功课要做足，细细盘算。大家都知道日本的电器又好又便宜，不过，在境外购买3C产品需要交纳一定的税额，得好好盘算在境内外购买，到底哪个更划算；再者，有些电器存在制式的问题，必须了解产品的通用性，这样才能做到真正省钱。

相对于国内而言，在国外购买名牌衣物较为合算：英国达克斯的皮鞋国内2000多元，国外只要70美元；CK的裤子一条才20多美元；瑞士的名表也是国内售价的一半。在德国的斯图加特制造等方面都下足了功夫。如果你很注重质量和品牌，那么，在采购方案总体造价不变的情况下，建议你选择大品牌的小尺寸产品。这样，除了外观看起来小一点外，你的其他享受是没有受什么影响的，质量也有保证，用着很放心。

有时你可能会在旅游的过程中发现有很多电器很便宜，比自己的城市要便宜很多，这时你也不可轻易掏腰包，如果是大件电器，运费是不得不考虑进去的，它们有时候也是十分昂贵的，没准加起来就比你在本城市买还贵，而且保修等问题都会很麻烦。如果遇到的是小件数码产品，应该更加注意，尤其是在一些小型商场，很可能信誉没有保证，卖的产品很可能出现问题，而到那时候就很麻烦了，退货都没地方了，想保修就更谈不上了。

所以外出旅游的时候如果想买电器数码产品一定要细想细掂量再说。如果要买的话一定要认准大商场和品牌产品，这样信誉就比较有保证，另外名牌产品会全球联保，这样要是产品出现问题就不必担心了。

第四章

求医不如求己

——花小钱也能保健康

- -

健身房健身省钱术

"身体是革命的本钱",如今,随着可支配收入的增多,健身费已经成为人们消费的一大亮点,越来越多的人开始选择到有专业指导的场所进行健身,其消费少则几百元,多则上千上万元不等。

健身卡费的支出

这应该是健身费用中最大头的一块。目前的健身形式大致分为以下三种:

第一种是综合运动卡,卡费大约在3000~10000元/年,它包括各类健身器材训练、普通教练指导和多种健身课程,有的还包括游泳项目。

第二种是单项运动卡,卡费是1000~3000元/年,这类卡一般是购买单个训练项目,单项教练指导。这两种类型的卡一般都提供免费洗浴项目,至于为了方便客户而开设的美容、按摩等服务,则需单独收费了。

第三种就是社区活动站设立的小规模运动服务项目,大多数规模比较小,收费虽然不高,甚至免费,但科学性和专业性却不可与前两种相提并论。

这么贵的卡,如果直接去俱乐部用全价购买,多少有点让人心疼,哪怕能打个九折,也可以便宜100~1000元啊。打折健身卡其实是能买到的,那就是购买一张转让卡。

购买转让卡有以下的好处:

一般在俱乐部办卡,其年卡的优惠程度平均在200~400元,而如果办月卡或季卡,则很少能享用到这样的优惠。相对而言,转让卡的价格就要优惠得多,其交易价格至少可以达到正常卡的70%左右,每年在二三月的时候,甚至能低至正常卡的50%。

当你所购到的转让卡,一般不可能是足年的,总会被转让人用掉几个月。这样你就可以用年卡的优惠价格而只买了很短的时间,以此来考察和体验这个运动项目和场馆是否适合自己,从而避免被俱乐部套牢。

由于本身购买的平均单价低,而且不足年,因此占用的资金少,损失的利息少。

然而俱乐部并不希望自己的卡被频繁地转让,为了阻止这种行为,他们会在办理转让的时候收取一定的转让费,大概是100~200元左右。这笔费用最好在与卖主成交时谈妥承担的方式,可以共同承担。

生活中要想寻找这种卡也非常容易,善于利用网络的帮助,你会找到很多答案。

运动配置

服装类

这里建议新手购衣最好不要追求一步到位,因为你的体型会随着运动的时间不同而发生变化。合理的方案是,在运动初期,使用合身的透气性和排汗性都很好的纯棉旧衣服。在运动一段时间后,随着适应性的增强,加上一些基本常识的具备,再去购置相应的服装会比较适宜。购买服装不建议去商场,舞蹈学院或体院周边的小店就是很好的去处,那里卖的服装专业又便宜,价格多半是商场的三分之一甚至六分之一,还可量身定做。

鞋类

健身前最好买一双综合训练鞋,而不适宜买单一项目的鞋。鞋的品牌要好一些的,脚的投资是非常重要的,最好不要马虎。瑜伽是不需要穿鞋的;芭蕾、形体用普通练功鞋即可;普拉提则需要鞋底鞋桥部分软、足尖硬,建议使用现代舞鞋;舍宾应使用舍宾专用鞋,再配一双旧的、跟较粗的高跟鞋。

其他类

护腕可保护腕关节,也可做擦汗使用;护手套是男士在做力量训练时必须具备的,它不仅可以加大摩擦力,而且可以吸汗,还能增强安全系数。

储物柜

如果你的住处离健身房很近或者是开车去健身房，储物柜就可以不用租了，每次将你的健身用品带回家。如果离健身的地方比较远，那还是租一个比较好。储物柜的价格一般是每天1~3元，每次至少租用一个月。想省这块费用唯一的方式就是找人合租，如果有与朋友或者同事结伴健身的，拼租自然不成问题，如果没有，也可以请会籍顾问帮你介绍一个。另外，别忘了自备一个柜子锁，以免到时只能购买俱乐部的高价锁。

饮食

在健身时期饮食最好要克制一些，健身后的那顿晚饭最好用水果、酸奶、消化饼一类的食物代替。如果这样实在很饿，可以选择香蕉、苹果等容易饱腹的水果。千万不要胡吃海喝，否则刚刚那些辛苦的汗水就算白流了。关于运动和饮食，还有一些禁忌。在进行瑜伽、普拉提和舍宾类运动之前三小时内最好不要进食，因为这些运动中的很多动作会因为不是空腹而很难完成，对身体不利。所以，在运动的这一天，早饭要多吃，午饭吃饱就好，运动后只能稍微补充点营养。第二天的早饭也不能多吃，到中午就可以恢复正常的饮食了。

饮用水

健身时最好自带一个水瓶，一方面是出于省钱的考虑，另一方面，也是为了身体考虑。从运动学的角度讲，一般正常强度运动量，在运动过程中最多补充150毫升的纯水，而且单次只能喝一小口，以免给心脏造成过大的压力。而瓶装水的容量过大，因此不适合运动时饮用。如果你大量出汗甚至有脱水的现象，最好在药店买小剂量的补盐液，不要把钱花在那些五颜六色的多功能饮料上，因为这些饮料中的添加物只适合专业运动员，对普通人没有作用。

洗浴

虽然洗浴用品俱乐部一般都有提供，但毛巾最好用自己的。俱乐部的洗发水看起来似乎不错，其实都是批发的杂牌来灌装的，为了头发着想，还是用自己的放心。

课程选择

这个主要是针对那些综合性俱乐部而言的，这种俱乐部往往提供的课程非常丰富，你需要通过对比来选择适合自己练习的课程。在选择时要注意，不要以为练得多才能值回成本，要遵循科学合理的运动方式，运动过度对身体反而有害，也会加速人体的衰老。一般比较合适的运动量是每周2~3次，最好不要超过四次。

跑步机和动感单车的减脂效果非常好,动感单车对腿部减脂尤其有效;男士适合多做力量训练,使用器材时旁边最好有人做保护;建议30岁以上的女士练瑜伽,可以调节呼吸方式,滋养内脏;普拉提适合任何一个年龄段女士练习,但要做好充足的准备运动;舍宾和芭蕾等形体训练,更注重气质及协调性的培养;拉丁操和肚皮舞一类的,对提高协调性最有效,但练习要从初级开始,不要直接跨到中高级;单纯的健美操和搏击操一类的,不宜经常练习,否则会使小腿肌肉过于发达,也会伤害足弓。

私人教练

俱乐部里的私教一般按时间收费,其收费标准和他们的级别以及名气有关。有时在办卡时,俱乐部会赠送一定时间的私教,但一般不会告诉你时限,你需要主动了解并尽量争取更长的时段。因为在你健身初期是用不着私教的,所以如果赠送的时间过短对你来说没有任何价值。

当健身训练逐渐走上正轨后,你就需要一个私教来帮助提高训练质量了。这时候的选择是很重要的,并不是收费高的就好,而要充分了解这些私教的长项、经历以及表达能力等。了解的方式可以通过自己看资料,然后向老会员咨询,很多俱乐部都有出色的私教。

健身费用巧压缩

刘思一时心血来潮,想到健身房去做运动,就风风火火地去附近的健身房里办了一张年卡,说是要逼着自己去健身。可是,没过多久她就后悔了,因为她发现自己根本没有必要花时间专门去健身房健身。上班路上、工作中、下班后,都有她可以任意选择的健身方式。最后,刘思一年去了不到十次,又花了一笔不折不扣的冤枉钱。

其实,健身无处不在你身边,清晨起来跑跑步、打打球不也同样能起到健身作用吗?其实,每个人都可以按照自身的实际情况,制定合理的健身计划,并不需要刻意地高额花费。

购买大众品牌的运动服

　　健身首先需要为自己添置合适的运动服和运动鞋。现在市面上各种知名品牌的运动服和运动鞋价格不菲。但是，只要不影响你运动健身，有一件大众品牌的运动服和一双合脚的运动鞋就足够用了。

购买品质好的运动器材

　　在购买球拍类等运动器材时，就不能只图价格便宜了，因为有些器材对于质量的要求都比较高。相对便宜的器材，使用寿命也相对较短。所以，在购买运动器材时，不要只顾便宜不顾品质，这样反而会让你得不偿失。

选择不花钱的健身方法

　　健身方法有很多，在选择时经济性也是应该参照的一个标准。下面就为朋友们推荐一些不用花钱的健身方法，有兴趣的话，你不妨试一试：

　　不坐电梯，爬楼梯；以步代车。走路时挺胸、收小腹，臀部夹紧，千万不要弓腰背；"站"车。在乘公交车时，即使车内有坐，也最好站着。手握住栏杆，一边数拍子，一边用力向内收腹，这种方法能有效紧缩腹部肌肉，小腹将慢慢缩小；做家务。做家务其实是一举两得的健身运动。使用吸尘器、擦窗户、洗浴缸等，都可以锻炼人的肌肉；体操。如果没有时间做户外运动的话，可以做做徒手体操，同样可收到锻炼身体的功效；跳舞。充分热身后，你不妨跟着劲歌跳舞，动作可以夸张随意，每星期3次，每次大约跳20分钟；公共健身器械。既然你已交了物业管理费，那么与其让这些器械在风雨中生锈，还不如好好利用，且能省下一笔健身费用。

健身房中巧省钱

　　健身房运动不仅器材多，健身花样多，而且还可以得到专业指导，甚至是一对一的服务。因此，它成为许多人特别是白领的首选。其实，在健身房里还是有不少省钱的窍门和方法的。

　　要选离自己近的健身房。这样一是来去方便，二是可以省些来回的车钱；可以办一张健身卡，这样能降低单次的花销；科学选择培训课程。在一些大型的健身房，培训课程非常丰富，这就需要你选择，不要以为练得多才能值。

自带午餐营养又省钱

自带午餐在20世纪七八十年代曾是司空见惯的事情，随着快餐店在20世纪90年代的兴起，这一现象渐渐消失。十多年后，自带午饭又"杀"了一个漂亮的回马枪，这次自带午餐的主流是以时尚著称的白领。

自带午餐的队伍越来越大，主要原因有四点：

第一，上班族们担心外面的快餐不够卫生，吃了不健康。

第二，工作中午休时间仅一个小时，叫外卖或到食堂吃饭时间太长，带饭省时省心。

第三，周边的快餐店都吃腻了，自带午餐更适合自己的口味。

第四，外面的优质快餐太贵，自带午餐既经济又实惠。

的确，自带午餐可谓经济、营养又卫生。到了吃午饭的时间，不用出门找饭馆、等位子，也不用去食堂排队，只需用微波炉加热几分钟，香喷喷的美食便摆到了眼前。同事们凑在一起吃饭，不仅能展示各自的手艺，还增加了不少交流的话题。

自带便当有经济实惠的优点，缺点是便当经过一上午的时间，饭菜可能就不够新鲜了，营养流失比较严重，气温高时还容易变质。因此，高温天气尽量不要自带便当，以免食物变质影响健康。

适宜作午餐的食物：水果、米饭、牛肉、豆制品、各种非绿叶蔬菜、酸奶等。

午餐要想保证充分的能量，含蛋白质、维生素和矿物质的食物必不可少。午餐前半小时最好吃些水果。米饭是最好的主食，如果再加入含优质植物蛋白的豆制品，营养就会更全面。蔬菜中，丝瓜、藕等含纤维素较多；除此之外，还可选择芹菜、蘑菇、萝卜等。蔬菜在烹调时炒至六七分熟就行，以防用微波炉加热时进一步破坏其营养成分。荤菜尽量选择含脂肪少的，如牛肉、鸡肉等。饭后最好喝点酸奶促进消化。

不宜作午餐的食物：鱼、海鲜、绿叶蔬菜、回锅肉、肉饼、炒饭。

带工作餐时，最好不要把寿司或生鱼片当作午餐，这样是非常不卫生的。从安全性来讲，夏季天气炎热，各种细菌繁殖快，特别是肉禽类、水产品类容易腐烂变质，食用后易发生肠道疾病。所以尽量不要生吃鱼、虾、蟹，也不要吃生的蔬菜。

此外,各种绿叶蔬菜中含有不同量的硝酸盐,烹饪过度或放的时间过长,不仅蔬菜会发黄、变味,硝酸盐还会被细菌还原成有毒的亚硝酸盐,使人出现程度不同的中毒症状。回锅肉、糖醋排骨、肉饼、炒饭等最好别带,因为它们含油脂和糖分较高。剩饭剩菜也不要带,因为它们更容易变质。

随时运动,省钱多多

去健身房健身,看似不错的瘦身方法却要花费不少的金钱,其实生活中就有不少既省钱还能减肥的运动方法。

上楼梯

如果你坚持每星期上楼梯3~4次,每次运动约30分钟,便可消耗400~500卡热量,另外还有助于强健小腿、大腿及臀部肌肉。

瑜伽

对初学者来说,这种古老的锻炼身体方法可能较为复杂及神秘,但如果适当练习,每星期做3~4次瑜伽,会对你的身体大有益处,包括强健肌肉,增加灵活性、改善姿态及保持体态苗条。

跳舞

跟着劲歌跳舞,手舞加上足蹈,每星期3~4次,也是减肥好方法,但记住,应有充分的热身,以防扭伤。每次大约跳20分钟便足够,动作不妨大一点儿。

骑自行车或溜旱冰

每星期3~4次,每次持续半小时,能令你的身体得到足够的锻炼,并且平均每分钟消耗10卡的热量。

跳绳

连运动员也用这种方法锻炼身体,间接证明了跳绳的功效。也证明了它并不是只适合于儿童,而跳绳可能是最省钱的运动,所需花费的只是一根绳子的钱。

办公室体操

坐在椅子上,你也可以收紧腹肌,锻炼一下自己的肌肉,甚至只要间或站起来走几步舒展一下筋骨。

省钱不省健康

俗话说："民以食为天"，无论走到哪里，吃都是一个关乎生存的大问题。有钱的时候整天吃山珍海味不足为奇，没钱的时候粗茶淡饭也能自得其乐，无论吃什么都要与健康相关。男人喜欢吃大鱼大肉，喜欢吃油腻香浓的食物；女人喜欢吃零食、喜欢吃甜点、喜欢浪漫的西餐小资情调……这些与生俱来的天性让人们在享受美食的同时，也遭受着美食所带来的折磨和煎熬——肥胖。

众所周知，肥胖是万病之源，它直接影响着人的健康和寿命，所以注意饮食健康和营养均衡是最重要的。如今，事事讲省钱，在吃上省钱不仅能节约开支，还能避免肥胖，增进健康，此时不做，更待何时。

合理安排，按量采购

去采购的时候，首先要想清楚需要买什么东西，一次不要购买过多，最好吃新鲜的。五谷杂粮富含人体必需的营养，能避免高能量、高脂肪和低碳水化合物膳食的弊端，成人每天应摄入250~400克，每周750~2800克为好。牛奶对男女老少的身体健康有益，每天应该保证饮奶300毫升。对身体健康不利的油脂、糖类、方便食品、碳酸饮料、小食品等要限制购买，含糖量高、含脂肪高、油炸食品等尽量不要购买。

去超市或大卖场采购之前，要在家里彻底清理冰箱和储藏室，看看还剩下哪些食物，然后拿出笔和纸，写出自己的购物单，以防进入超市后，被所谓的"特价"弄得心花怒放，从而买一大堆并不需要的东西。当然，写好购物单后，就必须按照计划采购。

不吃零食和垃圾食品

大部分的女人和孩子都喜欢吃零食和小食品，在日常饮食开支中，每次特别大的开支就是花费在购买零食上。女人今天一袋瓜子，明天一袋草莓，后天一包巧克力，再买些山楂、果脯之类的东西，虽然每次没有多少钱，但是加在一起就是一大笔钱，还有可能由于暴饮暴食而发胖，严重危害健康。孩子喜欢吃的就更多了，什么膨化食品、果冻布丁、薯片虾条等，零食吃多了就会影响正常饮食，吃饭的时候没有胃口。因此，平时要多吃健康食品，少吃零食，不但能让身体健康，还会省下不少银子。

天然彩色食物保健康

随着人们对健康的关注程度日益增强，现代都市女性越来越注重家人的饮食健康，怎么吃最自然健康的食物？哪些食物最健康？

当今社会上，一股吃天然彩色食物的"吃彩"风潮正在都市女性中风行。食物天然的颜色能影响食物的营养成分，而不同颜色的食物就有不同的功效。注意，一定要是"天然的"。

天然的橙黄色食物是维生素C的天然源泉

维生素C是美容元素，所以备受都市女性的青睐。天然橙黄色食物含有丰富的胡萝卜素和维生素C，可以健脾，预防胃炎，防治夜盲症，护肝，最重要的是能够使皮肤变得细嫩，并有中和致癌物质的作用。

天然橙黄色的代表食物有玉米、黄豆、花生、杏、橘、橙、柑、柚、橙黄色的坚果类等等。

多吃天然的红色食物能减轻疲劳、预防感冒

天然红色食物有助于减轻疲劳，并且有驱寒作用，能预防癌症、增强记忆力和稳定情绪，可以令人精神抖擞，增强自信以及意志力，使人充满力量。

天然红色代表食物的有红辣椒、胡萝卜、苋菜、洋葱、红枣、番茄、红薯、山楂、苹果、草莓等。

天然蓝紫色食物是天然抗辐射"良药"

蓝色食物主要是指海藻类的海洋食品。其中的螺旋藻含有18种氨基酸、11种微量元素及9种维生素，可以健身强体，帮助消化，增强免疫力，美容保健，而且有抗辐射的功能。紫菜、紫茄子、紫葡萄等紫色食物都含丰富的芦丁和维生素C，常吃对预防高血压、心脑血管疾病及遏制出血倾向有一定作用。

天然蓝紫色的代表食物有黑草莓、樱桃、茄子、李子、紫葡萄等等。

天然绿色食物是肠胃天然"清道夫"

绿色的草本植物都有治疗的用途，足以证明绿色食物的确具有调和身体机能的功效。大部分蔬菜拥有绿色的能量，可以维持人体的酸碱度，而且提供大量纤维质，有助于清理肠胃，担负着肠胃"清道夫"的角色。天然绿色食物的

代表即是所有绿颜色蔬菜。

天然黑色食物不仅有助通便,而且养发美容抗衰老

天然的黑色食物含有10余种氨基酸及铁、锌、硒、铝等10余种微量元素,维生素和亚油酸等营养素,有通便、补肺、提高免疫力和润泽肌肤、养发美容、抗衰老等作用。

天然黑色的代表食物有黑芝麻、黑糯米、黑木耳、黑豆、香菇、黑米、乌骨鸡等。

天然白色食物含纤维素,可以起到防癌的作用

天然白色食物含纤维素以及一些抗氧化物质,具有提高免疫功能、预防溃疡病和胃癌、保护心脏的作用。白色的大蒜是烹饪时不可缺少的调味品,它含有的蒜氨酸、大蒜辣素、大蒜新素等成分,还可以降低血脂,防治冠心病,杀灭多种病菌,也可以降低胃癌的发生率。

天然白色的代表食物有茭白、冬瓜、竹笋、白萝卜、花菜、甜瓜、大蒜等。

多食素,少吃肉

对于现代人来说,"素食主义"已不再是一个生疏的名词,它代表着一种新的国际思潮和健康的生活理念。素食,目前作为一种健康时尚,已经被越来越多的人赏识与接受。

素菜是健身治病之良方。素菜能使体液偏向碱性,而碱性体液正是癌症等疾病的克星。也有人会说,素菜也有酸性的。是的,但酸性素菜的酸性跟荤菜比,只能算是微酸性。

据美国康乃尔大学的肯博教授经过多年的追踪研究,结果发现一些吃低脂食物,也就是吃米饭跟菜类的中国人,得乳癌的概率非常小,而直肠癌、肺癌或是骨质疏松症的罹患率更低;相比之下,那些吃大量的高脂食物,也就是爱吃肉的美国人、英国人、瑞典人及芬兰人,得这些疾病的概率,实在是高得惊人。

素食者比肉食者体重较轻。肉类比植物蛋白含有更多的脂肪。而且,肉食者若是摄取过多的蛋白质,则其中过量的蛋白质也会转变成脂肪。素食者血液

中所含的胆固醇永远比肉食者少。血液中胆固醇含量如果太多,则往往会造成血管阻塞,成为患高血压、心脏病等病症的主因。

植物性食物从进入胃中到排出体外,只需3~4小时,肉类则需12小时,它滞留体内所分解出的废气,严重影响人体健康。素食者没有寄生虫之忧,寄生虫都是经由受感染的肉类而辗转寄生到人体上的。

各种高等动物和人体内的废物,经由血液带至肾脏。肉食者所食用的肉类中,一旦含有动物血液,便加重了肾脏的负担。

环保者、吃素食可以节约大量能源,减轻环境污染,有利于保护环境,因为饲养肉食动物须要消耗大量能源。另外,动物保护主义者认为,宰杀饲养的或野生的动物是残忍的暴行,与人类文明背道而驰。研究发现动物死前的挣扎会促使体内产生有毒的分泌物,这些毒素对食用者有害。

其实,中国人的传统饮食习惯是粗茶淡饭,关于中华民族传统的膳食原则也有很多精辟的论述,如"饮食清淡,素食为主"、"可一日无肉,不可一日无豆"、"萝卜白菜汤,吃了保健康"等,因此,虽然物质条件丰富了,但千万不能忘记"粗茶淡饭、青菜豆腐保平安"。相比西方人高蛋白、高脂肪、高热量的饮食习惯,中国人的肠胃对吃素更加适应。

人为什么应该多吃素呢?因为蔬菜水果中除了含有丰富的维生素、矿物质以外,还含有丰富的膳食纤维,既可防止便秘,又可减少粪便中有害物质对肠壁的损害,预防肠癌。另外,大多蔬菜和水果属碱性食品,而一般高蛋白食品属酸性食品。在人体胃中,肉、米、麦等食物消化后往往会发生酸性反应,这就需要蔬菜和水果来中和,维持体内酸碱平衡。古人早就提出了"五菜为充"的观点,说明蔬菜对消化系统有"充盈"和"疏通"的作用。因此,要有一个好胃口和健康的消化系统,必须经常吃蔬菜水果。

总之,要养成"多食蔬,少吃肉"的习惯。学习制作可口的素食菜肴,通过提高烹饪水平来达到少吃肉又节约菜钱的目的。

秋季多吃排毒素食类食物

随着知识水平的提高,现代人越来越重视自身的健康。专家指出,人们只有及时排出体内的有害物质以及过剩营养,保持五脏和体内的清洁,才能保持身体的健康。

秋季天气干燥,季节交替往往让人感觉身体不适,而排毒也是秋季的一项大工程。下面的七种既天然又经济的排毒食物能帮助你很好地"解毒",让身体轻轻松松度过秋冬。

绿豆

性寒味甘,解金石、砒霜、草木诸毒,对重金属、农药及各种中毒均有防治作用。因此,经常接触有害物质者,应多吃绿豆类的食物。

胡萝卜

胡萝卜中含有丰富的胡萝卜素,能增加人体的维生素,且含有大量的果胶,与汞结合后能降低血液中汞离子的浓度,加速体内汞离子的排出,也是非常有效的解毒食物。

海带

海带性寒、味咸,具有清热利水、去脂降压的功能。现代医学认为海带中的褐藻酸能减慢放射性元素锶被肠道吸收,并能使之排出体外,因而海带有预防白血病的作用,对进入体内的镉也有一定的排泄作用。

樱桃

是目前公认能够祛除人体毒素以及不洁体液的水果,对肾脏排毒也具有相当的功效,且有通便的功用。另外,深紫色葡萄也有排毒效果,且能帮助肠内黏液组成,清除残留在肝、肠、胃、肾内的垃圾。

苹果

苹果内含有半乳醛荃酸,对排毒颇有帮助,它体内的果胶成份也能避免食物在肠内腐化。

无花果

无花果富含有机酸和多种酶,可清热润肠,具有助消化、保肝解毒的功效。它对二氧化硫、三氧化硫等有毒物质也有一定的抵御作用。

茶叶

具有加速体内有毒物质的排泄作用,这与茶中所含茶多酚、多醣和维生素等物质是密不可分。

减肥佳品绿豆芽

通常情况下,绿豆芽含水分比较多,热量低,富含维生素C,经常食用不易形成皮下脂肪堆积、不易长斑,有利于减肥而且患口腔溃疡的机率也很小。绿豆芽在市场上的价格便宜,也可做成各种菜肴。下面介绍两款以绿豆芽为主料的菜肴:

绿豆芽炒韭菜

配料:绿豆芽400克,韭菜75克,虾皮5克,植物油40克,醋、精盐、味精少许。

具体做法:

步骤一:将韭菜择洗干净,切成3厘米长的段。

步骤二:绿豆芽去杂质洗净,并沥干水分。

步骤三:炒锅上火,注入植物油烧热,放入虾皮爆香,加入韭菜段、绿豆芽菜翻炒几下,烹入醋,加入精盐、味精,快速炒至熟即成。

这道菜中的韭菜营养丰富,含纤维素多,含脂肪少,能降压减肥。虾皮富含钙质,是高蛋白、低脂肪食品。两种原料与绿豆芽相配成菜,有很好的减肥健美作用。

开胃绿豆芽

配料:绿豆芽500克,黄瓜50克,精盐25克,葱丝、姜丝少许、陈醋、香油适量。

具体做法:

步骤一:将绿豆芽拣去杂质洗净,入开水锅里焯一下,立刻捞出,沥干水分备用。

步骤二:黄瓜洗净直刀切成片,再切成细丝备用。

步骤三:炒锅上火,注入适量植物油,待油热后,放入葱、姜丝爆锅,放入黄瓜丝、绿豆芽翻炒。

步骤四:撒上精盐,最后浇上醋、香油盛盘即可。

多食苦瓜助长寿

营养学家研究显示,苦瓜是具有"全方位"营养价值的长寿食品。苦瓜以独特的苦味博得人们的喜爱。它的营养保健作用在于:首先,它含有丰富的维生素C、维生素B以及生物碱;其次,它含有的半乳糖醛酸和果胶也较多。苦瓜中的苦味来源于生物碱中的奎宁,这些营养物质具有促进食欲、利尿、活血、消炎、退热和提神醒脑等作用。

苦瓜具有预防中暑与解暑的作用,还能很好的降血糖。苦瓜的果肉和种子的成分能促进糖分解,抑制糖分的吸收。现代科学研究发现,苦瓜中的"多肽-P"物质是一种类胰岛素,有降低血糖的作用。美国科学家还发现,苦瓜中含有一种蛋白质类物质,具有刺激和增强动物体内免疫细胞吞食癌细胞的能力,它能同生物碱中的奎宁一起在体内发挥抗癌作用。所以喝苦瓜茶与苦瓜汁是最有利于身体的健康吃法。

苦瓜汁

苦瓜中的维生素C能有效预防皮肤老化以及降低血液中胆固醇含量。但维生素C不耐热,加热之后苦瓜的营养价值虽然不会被破坏,但想通过苦瓜达到预防皮肤老化与降低胆固醇含量目的的人,就不适合把苦瓜汁加热后食用。因此,将苦瓜榨汁是最好的选择。

具体做法:

步骤一:用擦丝器将苦瓜擦碎,用滤茶网或者纱布在杯中挤出苦瓜汁。

步骤二:加入半杯水,水量能自由调节。

步骤三:若怕太苦,可以加入柠檬汁或者苹果泥,调节口味。每天喝半杯至1杯为宜。

苦瓜茶

喝苦瓜茶是现代医学研究证实的最有益于身体吸收的食用方式,可让苦瓜80%的营养成分发挥出来,并且营养成分极易被人体吸收。

具体做法:

步骤一:把苦瓜切成薄片,用平底锅,把苦瓜中的水分炒干。

步骤二:苦瓜炒干后变成褐色。放凉之后装入密封罐,放在冰箱、冷藏室保存,可以保存两个月。

步骤三:加热水浸泡之后饮用。每天喝3~4杯即可。

吃大枣保健美颜两不误

据专家分析,大枣中的维生素含量十分可观(尤以鲜枣含量最高),其中维生素C的含量达每100克鲜果380~600毫克,故有"活维生素C丸"之称。大枣维生素P的含量也高于柠檬十多倍。大枣的含糖量也十分丰富,比制糖原料甘蔗和甜菜的含量还高。此外,大枣还含有蛋白质、脂肪、胡萝卜素、膳食纤维、游离氨基酸、苹果酸、生物碱、黄酮类物质、维生素B、维生素B_1、钙、铁等多种营养物质。

大枣的美容效果更是不容忽视的,经常食用大枣可以使你身材匀称,肌肤丰润细腻,面容白嫩光洁,还有延缓皮肤衰老的功效,下面介绍大枣的两种食用方法:

大枣芹菜汤

配料:鲜枣50克,芹菜250克,姜丝、葱末各5克,精盐2克,味精1克,素油29克,花椒油6克。

具体做法:

步骤一:将鲜枣洗净去核,切碎;芹菜择洗干净,切成小段。

步骤二:炒锅上火,加油烧热,下葱、姜煸炒,加入芹菜段略炒,加水适量,放入鲜枣、精盐,用大火烧开后,改用文火煮3分钟,点入味精,淋上花椒油即成。

这道汤的功效在于:大枣、芹菜均为美容养颜之佳品,合而食之,可使面容红润光洁、白嫩细腻,并可用于月经不调、带下、性冷淡等妇科疾病的辅助治疗。

红枣粥

配料:大米100克,红枣50克。

具体做法:

步骤一:先将红枣洗净,用温水浸泡20分钟。

步骤二:大米洗净后,放入锅内加水适量与红枣同煮。待米烂汤稠即可。

此粥的功效在于:可以使面色红润、皮肤光洁,减少皱纹的产生。

南瓜的养生大法

南瓜是瓜类中既可以当饭又可以当菜还可以当药的果实。秋季养生多吃南瓜。清代名医陈修园说,南瓜为补血之妙品,建议女孩子们多吃。秋天气温渐凉,人也越来越不爱活动,南瓜既然能够活血,当然要好好利用。借食物之名大吃特吃,既减肥又能够疏通体内的营养运输通道。

秋天气候干燥,多食用含有丰富维生素A、维生素E的食品,可增强机体免疫力,对改善秋燥症状大有裨益。南瓜中含有丰富的维生素E。它所含的β-胡萝卜素,可由人体吸收后转化为维生素A,维生素A和蛋白质结合可形成视蛋白,在眼睛健康上扮演重要的角色。

南瓜的吃法也是多种多样的,蒸、炒、炖、煮、烤,都别具风味。南瓜可做南瓜饼、养生南瓜面包,下面介绍一道南瓜浓汤的做法:

南瓜粥

配料:南瓜150克,高汤1杯,麦粉2汤匙,牛肉泥1汤匙,绿色花椰菜1朵,嫩玉米2~3根。

具体做法:

步骤一:将南瓜洗净,去皮去籽,切成小块备用。

步骤二:花椰菜和嫩玉米煮熟,切碎备用。

步骤三:将高汤和南瓜倒入榨汁机内,打拌均匀。

步骤四:将打好的南瓜汁倒入锅内,以小火煮8~10分钟,然后加入牛肉泥搅拌均匀。

步骤五:加入麦粉拌匀,关火,撒上花椰菜和嫩玉米,好喝又营养的蔬菜南瓜浓汤就做成了。

养血健脾的"小人参"

胡萝卜俗称"小人参",是养血健脾的养生佳品,含有丰富的胡萝卜素,食用后转化为人体必需的维生素A,可防止出现干眼症和皮肤粗糙现象,是中老年人的常用蔬菜。胡萝卜汁还可以美容,空腹喝胡萝卜汁容易消化吸收,可促进红细胞代谢,消除汗腺污垢,调节体温,从而使皮肤清洁健康、嫩滑光润,对美容护肤有独到之处。

现代医学已经证明,胡萝卜是有效的解毒食物,它不仅含有丰富的胡萝卜素,而且含有大量的维生素A和果胶,与体内的汞离子结合之后,能有效降低血液中汞离子的浓度,加速体内汞离子的排出。

胡萝卜汤

配料:胡萝卜500克,清水500克,白糖50克。

具体做法:

步骤一:把胡萝卜洗净,切碎,放入蒸锅内,加入水,上火煮沸约20分钟。

步骤二:用纱布过滤去渣,加入白糖,调匀,即可饮用。

这道汤的特点:味略甜,营养丰富。

胡萝卜甜糕

若将胡萝卜加工成甜糕,其口感鲜美、风味独特,是老幼皆宜的营养食品。

配料:胡萝卜100克,水100克,马铃薯10~15克,淀粉40~60克,白砂糖7.5克,精盐2克,蜂蜜2克,味精1克,食用防腐剂适量。

具体做法:

步骤一:将胡萝卜、马铃薯中的杂质剔除,先用清水洗净,然后将马铃薯和胡萝卜切成厚度为3毫米的薄片。

步骤二:将水烧开以后将胡萝卜片和马铃薯片倒入漂烫,经1~2分钟到半熟状态的时候,连水一起倒入装有搅拌浆的大锅内,充分搅拌3~5分钟使之搅成细末状。

步骤三:在搅拌过程中将各种配料加入,再用大火煮制8~10分钟,呈黏稠状时改为中火熬炼15~20分钟。

步骤四:将熬炼后的糊状料倒入平底容器冷却,成形后切成10厘米×8厘米×5厘米的糕块,用食品袋包装密封,放阴凉通风处,可保存一周左右;若移至冷库贮藏,保存期可达半年以上。

黄瓜的清热养生功效

黄瓜中的黄瓜酸,可以有效地促进人体的新陈代谢,排出毒素。维生素C的含量比西瓜高五倍,可以美白肌肤,使肌肤保持弹性,抑制黑色素的形成。黄瓜还可以抑制糖类物质转化为脂肪,对肺、胃、心、肝及排泄系统均十分有益。夏天里容易烦躁、口渴、喉痛或痰多,吃黄瓜有利于化解炎症。

黄瓜汁

黄瓜汁的口感和营养俱佳,在夏季里经常饮用可以有效地预防口腔疾病。

将新鲜的黄瓜简单用糖腌一下,或直接加冷开水在榨汁机中取汁直接饮用。早晨喝一杯黄瓜汁,能起到清爽肠胃的作用。黄瓜中含有大量维生素,能够缓解一定的发炎症状,对口腔溃疡能起到有效的治疗作用。

饮用黄瓜汁时,若觉得稀释后的黄瓜汁口感有点苦涩的话,可以适量加一点蜂蜜调味。

黄瓜馅饺子

夏天天气炎热,许多老年人没胃口。营养学家建议,老年人午餐或者晚餐吃点饺子、包子之类带馅的食品,不仅可均衡营养,还有利于消化。若以前没吃过黄瓜馅饺子,不妨尝试一下,不但清凉爽口,还可以防暑、降压、预防心脑血管疾病。

配料:黄瓜、鸡蛋、豆腐、盐、五香粉、鸡精、葱姜末各适量。

具体做法:

步骤一:做馅时,要将黄瓜擦成细丝略微切一下,挤出水,挤出的水不要倒掉,留在盆中备用。

步骤二:将鸡蛋加适量的盐打散在油锅中炒,一边炒一边捣碎,越碎越好,炒好后放凉。爱吃丰富馅料的还可以放一点豆腐。

步骤三:然后将放凉的鸡蛋、豆腐与黄瓜丝加入五香粉、鸡精、葱姜末等,一起搅拌均匀待用。和面时把黄瓜水放进去,不但面会更加筋道,而且口味也更好。

含碘冠军海带

海带为大叶藻植物,又名海草、昆布等,主要生活在海水中,柔韧而长如带子,故得此名。海带具有较高的营养保健价值,被誉为"海上蔬菜"、"长寿菜"、"含碘冠军"等美名。

据医学研究表明,海带中的钙具有防止血液酸化的作用,而血液酸化正是导致癌变的因素之一。海带中的有机碘能提高人体内生物活性物质功能,能促进胰岛素以及肾上腺素质激素的分泌,提高脂蛋白酯酶活性,促进葡萄糖和脂肪酸在肝脏、脂肪、肌肉组织的代谢和利用,从而发挥降血糖、降血脂作用。海带中含有丰富的钾,钾有平衡钠摄入过多的作用,并有扩张外周血管作用,因此海带能防治高血压的功效。

下面介绍海带为主料的菜肴:

炝海带丝

配料:水海带550克,精盐25克,椒油25克,青菜3棵,醋15克,葱丝5克,姜3片。

做法:将海带洗净,切成细丝,放在开水中焯一下捞出沥干,撒上精盐、青菜丝拌匀盛盘,最后放上葱、姜,倒上醋、椒油加热炝上即成。

功效:常吃海带降血糖。

坚持药物和海带同时吃,一个月以后,血糖可得到控制。

紫菜海带汤

配料:紫菜10克,海带20克,冬瓜皮30克,西瓜皮50克,盐少许。

做法:将紫菜、海带、冬瓜皮、西瓜皮一同放入锅中,加适量清水,大火煮沸后改用文火煮10~15分钟,加入盐、鸡精少许,盛入碗中或汤盆中即成。

特点:清淡、有海鲜味。可饮汤食海带、紫菜,在午餐后食用为宜。

功效:紫菜含蛋白质、脂肪、糖类、钙、磷、铁、锌、碘、锰、氨基酸、藻红蛋白、磷脂、烟酸、有机酸、挥发油及维生素A、维生素B_1、维生素B_2等。它味甘、咸,性寒,有软坚化痰、清热利尿的功效。主治瘿瘤、瘰疬、水肿、肥胖症等。

海带与紫菜,辅以利水减肥有显效的冬瓜皮、西瓜皮,组成紫菜海带汤,如果经常饮食,可利水渗湿,去脂减肥。体胖的女性,为达到健美的身材,则可以常饮食此汤,效果必会显著。

早春吃韭菜可提高免疫力

初春时节应食早韭,可以有效地提高自身免疫力。南齐周颐有句名言:"春初早韭,秋末晚菘。"这里"韭"指的就是韭菜。初春时节的韭菜品质最佳,晚秋的次之,夏季的最差,有"春食则香,夏食则臭"之说。

韭菜的主要营养成分有维生素C、维生素B$_1$、维生素B$_2$、尼克酸、胡萝卜素、碳水化合物及矿物质。韭菜还含有丰富的纤维素,每100克韭菜含1.5克纤维素,比大葱和芹菜的都高,可以促进肠道蠕动,预防大肠癌的发生,同时又能减少对胆固醇的吸收,起到预防和治疗动脉硬化、冠心病等疾病的作用。

韭菜虽然对人体有很多好处,但也不是多多益善。韭菜的粗纤维较多,不易被消化吸收,所以一次不能吃太多韭菜,否则大量粗纤维刺激肠壁,往往引起腹泻。最好控制在一顿100~200克,不能超过400克。

韭菜笋丝

配料:韭菜、袋装春笋、盐、油、鸡精、老姜。

具体做法:

步骤一:先将韭菜用手剥去根部外皮,用流动水冲洗干净,再切成5厘米的小段;袋装春笋冲洗干净后,切成5厘米长的笋丝;老姜削去外皮,切成细丝。

步骤二:中火烧热锅中的油,待烧至六成热时,将姜丝放入爆香,随后放入韭菜段和春笋丝翻炒片刻,至韭菜段变软,呈深绿色。

步骤三:最后在锅中加入适量的盐和鸡精,翻炒片刻即可装盘。

夏季多喝养生粥

夏季炎热,人们的食欲也会多少有些减退,人们最好吃些清淡好消化的食物,粥乃是夏季首选的食物。现在外面有很多知名的粥铺,里面有着各种各样的粥,养颜美容、消暑解渴、养生健胃……真是应有尽有,价格从五元到十几二十元不等。五元钱乍听起来不贵,可当端上来时你就会发觉是那么小一碗,真是不划算。所以说与其在外面喝粥还不如自己DIY在家里熬上一大锅,和家人一起分享煲粥的乐趣。

夏季安神粥

原料:栗子10个,龙眼肉15克,大米50克,糖适量。

具体做法:

步骤一:栗子洗净泡3小时,剥壳备用。

步骤二:锅中加入适量水,放入大米和栗子大火煮开,改小火煮40分钟。

步骤三:放入龙眼肉和糖继续煮10分钟就可以了。

功效:有助睡眠,防治腰酸腿痛的功效。

小米粥

胃口差,喝碗小米粥。小米粥的营养成分之多,很多人都知道,可很少有人知道它在你没胃口、食欲差的时候,作用不亚于开胃菜。

配料:小米30~50克,红糖适量。

做法:将小米如常法煮粥。加糖,做早餐食用。

功效:补中益气,和脾益肾。适用于消化不良、食欲不佳及病后与产后体弱。

秋天宜喝健身粥

深秋时节,天气逐渐从凉爽转寒,气候干燥,人们往往会感到口唇干燥、咽干、皮肤发涩,这个季节就应当注意养阴润燥。

为此,在进食的调理上,除遵照荤素搭配、平衡膳食的原则外,要尽量少食辛燥的食品,如辣椒、生葱等,宜食芝麻、糯米等柔润食物。

古人认为"晨起食粥,推陈致新、利膈养胃,生津液,令人一日清爽"。所以说,早餐喝碗粥能润燥滋阴,益于养生。

下面推荐的两款粥,均有很高的营养价值,且简单易得。你不妨动手一试,不仅暖胃暖心,还能缓解疲劳、抗衰安神。

女贞子粥

具体做法:

步骤一:将10粒女贞子用水洗净,装入纱布袋。

步骤二:将110克米洗净,放入女贞子药袋,加水煮粥。

功效:女贞子是植物女贞的果实,可延缓衰老、旺盛精力,又可舒缓神经痛,强壮筋骨。女贞子的药效很强,不需加其他配药。

特点:煮好的粥呈红色,并微苦、微涩,且略带药气;口感不佳,可佐以小菜同食,滋补效果不错。煮好的女贞子粥适宜晚餐时食用,有明显的振奋精神的作用,第二天早上起床后,感觉神清气爽,精力充沛。

何首乌粥

具体做法:

步骤一:取一根5厘米长的何首乌,切碎;

步骤二:将120克米洗净,加清水,放入切碎的何首乌煮成粥,冷热食均可。

功效:此款粥有净血、安神、通经之效。何首乌自古就是长寿圣药,不仅能强壮身体,旺盛精力,延缓衰老,另外,何首乌亦可治痔疾,或作为妇女产后之保健补品。

特点:煮成的粥有淡淡药香,温润爽口。

冬季巧食汤粥滋阴补肾

一般来讲,冬季时人的体内阳气潜藏,因此,冬季的养生要以敛阴护阳为原则。但千万不可乱补,特别是体质虚弱人群,常常因急功近利而选用功效明显的补品,久而久之反而会事与愿违,不但不能补好自己的身体,反而助长了病邪,使疾病加重。

因此,冬季进补需要在专业医生的指导下进行,根据个体差异来选择适合自己的滋补食物以及调养药物,只有这样,才能真正达到进补的目的。

冬季气候寒冷而干燥,餐桌上应多喝热乎乎的滋补汤(粥),通过喝汤(粥)真正达到强身健体、防病治病的功效。下面介绍冬季养生中偏温性的滋阴补肾食疗方法:

羊骨粥

配料:羊骨600克,粳米(或糯米)50克,适量的葱白和生姜,纯净水6杯(约1000毫升)。

具体做法:

步骤一：把洗净的羊骨放在锅中倒入大米加上纯净水，大火煮沸后改成文火煲1小时左右；

步骤二：煲制成粥快好前，加入适量的葱白和生姜煮上5分钟左右，再加入适量的调料后即可食用。

韭菜肉丁粥

配料：新鲜韭菜50克，新鲜鸡肉100克，大米50克，纯净水6杯（约1000毫升）。

具体做法：

步骤一：先将新鲜鸡肉丁放入油锅中炒上两分钟后取出备用；

步骤二：在锅中倒入大米加上纯净水，大火煮沸后改成文火；

步骤三：煲制成粥快好前，再将新鲜韭菜切成细丁与炒好的鸡肉丁一同放入再煮上8分钟左右，加入适量的调料后即可食用。

这道粥人们常喝后，具有补肾壮阳、固精止遗、健脾暖胃的功效。

巧做抗癌功效的粥

由于药粥既可以防病治病，又可以养生益寿，因而深受历代医药学家的重视，也就成为我国传统医学中一种重要的治病方法，民间有许多价廉效著的药粥良方一直流传至今，现在仍为许多医家所沿用。而药粥疗法在当代也备受人们重视，这是因为大多数药粥具有制作简单、花费少、服用方便、疗效好等特点。下面就介绍几种是对癌症患者有益的药粥及其做法：

香菇粥

香菇中含有一种叫"β-葡萄糖苷酶"的物质，这种物质有明显的加强机体抗癌的作用；还含有一种干扰素的诱导剂，能诱导体内干扰素的产生，从而达到治癌的目的。取香菇25克，粳米100克，加水熬粥，调味服食。

芦笋粥

芦笋中所含的组织蛋白是一种"促细胞正常化"的物质，能使癌细胞"改邪归正"，并能防止癌细胞扩散。芦笋清热凉血，能消除癌症患者阴虚引起的心烦和失眠。用芦笋100克煎煮，取汁加粳米100克，熬成粥即可食用。

扁豆粥

适用于癌症病人胃肠消化吸收能力减退者。取扁豆30克,炒微焦,浸胀后,先煮半熟,加入粳米100克合煮成粥,再加适量白糖食用。

荸荠粥

荸荠具有清热解毒、软坚化结的作用,历代医家都用它治疗疮痈肿结,近代医学表明它有抗癌作用。取荸荠洗净,削皮切片,粳米100克,加适量水煮成粥即可。

大蒜粥

大蒜中的脂溶性挥发油等有效成分,有激活巨噬细胞的功能,对癌细胞有一定的抑制作用;并能增强患者的免疫力,从而提高机体的抵抗力,有利于癌症患者的康复。取大蒜30克,粳米100克,加水煎熟即可。

芹菜粥

芹菜中不但含有大量的维生素和纤维素,对癌症患者康复十分有利,而且实验表明,芹菜茎对癌的抑制率为63.6%,芹菜叶对癌的抑制率为73.2%。取芹菜50克,粳米100克,先将米加水煮成粥,再加入切碎的芹菜。

排毒养生的蔬菜汁

一般来讲,人体内的有毒物质主要来源于两个途径:一是大气与水源中的污染物,通过呼吸以及吃饭侵入人体内,铅、铝、汞等重金属就是代表;另一个是食物在体内代谢后的废物,如硫化氢等。鲜果、鲜菜汁通常能解除体内堆积的毒素和废物,因为鲜果汁或者鲜菜汁进入人体消化系统以后,会使血液呈碱性,把积存在细胞中的毒素溶解,并排出体外。

在日常生活当中,有很多蔬菜汁不但具有排毒养生的作用,而且制法十分简单,将蔬菜洗净切成小片,放入榨汁机中搅拌即成,饮用时用白糖或者蜂蜜调味。下面介绍几种常见蔬菜汁的食疗保健功效。

胡萝卜汁

每天喝上一定数量的鲜胡萝卜汁,可以改善整个机体的状况。胡萝卜汁可以提高人的食欲和对感染的抵抗力。患有溃疡的人,饮用胡萝卜汁能显著减轻症状,胡萝卜汁还有缓解结膜炎以及保养整个视觉系统的作用。

芹菜汁

芹菜味道清香,可以增加人的食欲,在两餐间最好喝些芹菜汁。芹菜汁也可作为利尿和轻泻剂以及降压良药。芹菜的根叶含有丰富的维生素A、维生素B、维生素C和维生素P,芹菜汁特别适合维生素缺乏者饮用。

圆白菜汁

圆白菜对于促进造血机能的恢复、抗血硬化与阻止糖类转变成脂肪、防止血清胆固醇沉积等具有很好的功效。圆白菜汁中的维生素A,能够促进幼儿发育成长,预防夜盲症。圆白菜汁所含的硒,除有利于防治弱视之外,还有利于增强人体内白细胞的杀菌力,抵抗重金属对机体的毒害。

番茄汁

每人每天吃上2~3个番茄,就可以满足一天维生素C的需要。喝上几杯番茄汁,可以得到一昼夜所需要的维生素A的一半。番茄含有大量柠檬酸和苹果酸,对整个机体的新陈代谢过程大有补益,可促进胃液生成,加强对油腻食物的消化。番茄还有保护血管、防治高血压的作用,并能改善心脏的工作。此外,常饮番茄汁可使皮肤健美。番茄汁兑上苹果汁、南瓜汁和柠檬汁,还可起到减肥的作用。

廉价的养生保健茶

薄荷甘草茶

有解热消暑、清凉解毒、发汗解表的功效,对头痛红眼、咽喉肿痛、风热感冒等症也疗效甚佳。

鲜薄荷叶10余片,甘草5克,绿茶5克,太子参10克,开水500毫升。按此比例,冲泡10余分钟后,滤去渣滓,加白糖适量,调匀饮服。

金银花

金银花茶有清热解毒、疏利咽喉、消暑除烦的作用,可治疗暑热症、泻痢、流感、疮疖肿毒、急慢性扁桃体炎、牙周炎等病。

调制方法:取金银花10克,沸水冲泡频饮。

菊花茶

菊花本身具有散风清热、清肝明目和解毒消炎等作用,对缓解眼睛劳损、头痛、高血压等均有一定效用。

调制方法:取五六朵杭菊花冲泡饮服,能解渴生津。久服可防治高血压、偏头痛、急性结膜炎等,并可抗衰老,驻颜容。冲泡时加少许蜂蜜,口感更好。

甘草茶

调制方法:取甘草10克,茶叶5克,食盐8克,配水1000毫升。按此比例,先将水烧开,再将甘草、茶叶、食盐放入水中煮10分钟左右至沸腾即可饮用。可治风火牙痛、火眼、感冒咳嗽等症。

红花茶

红花,味甘、无毒,能行男子血脉,通女子经水,多则行血,少则养血。红花和红花籽富含维生素和生物活性成分,能养血、活血、降压、降脂、抑制血栓形成、保护心脏、美容美发。

调制方法:红花、檀香各5克,绿茶2克,红糖30克,沸水冲泡后,加盖闷5分钟即可饮用。每日一剂,会让你的皮肤变得干净透亮。但须注意睡前少饮,以免兴奋影响睡眠。

枸杞茶

枸杞具有补肾益精、养肝明目、润肺燥的功能。可降压、降脂和防止动脉硬化。对肝、肾不足引起的头昏耳鸣、视力模糊、记忆力减退具有保健治疗功用,对长期使用计算机而引起的眼睛疲劳,尤为有效。

调制方法:配制时只需十几粒枸杞,加热水冲泡频饮。

男性抗衰老有高招

如今,有些男人也开始花大价钱去购买各种各样的保养品,其实男性在抵抗衰老上也有既经济又实惠的方法。

吃上下功夫

皮肤是由细胞构成,而细胞需要适当的营养以供滋长。细心周全的饮食包括丰富的水果、蔬菜及纤维质,能够协助身体维持良好的运作功能,皮肤因而能处于高峰状态。

每天饮用枸杞子和西洋参泡的水，可以提高皮肤吸收氧气的能力，并且起到美白的作用。枸杞子含有枸杞多糖、多种氨基酸、微量元素、维生素、牛磺酸、生物碱、挥发油等成分，具有滋补肝肾、益精明目的功效。而西洋参与其他参不同，既有补气作用，又有滋阴作用，服用后不会上火。如果有些人本身就火气大，可在水中再加上菊花，可以疏风清热、凉血明目。

精神保养法

瑞士美容、心理专家特里斯教授推出了一系列行之有效的精神美容法。其中"笑疗法"是见效最快且人们最乐意接受的方法。方法是无论何时何地，只要条件允许就想想遇到的最可笑的事情，纵情大笑1~2分钟，每天坚持3~4次，用不了一个月，就会使你容光焕发。

准时睡美容觉

睡眠期间，我们的身体会分泌出人体生长激素及其他的皮肤成长因素，可以刺激胶原质以及新皮肤细胞的产生，长期睡眠不足的代价就是会使皮肤失去光泽。

适量的参加运动

适当的运动能够缓解压力，而压力则会在我们的脸上增添岁月的痕迹。一张饱受压力、前额带着忧虑纹路的30岁面孔，看起来比一张宽心而健康的40岁面孔更老。

保持开朗的性格

平常不为身边的琐事而烦恼，胸怀开阔是不老的诀窍，精神抑郁会导致阳痿。幽默和诙谐是保持青春不老的最大秘诀。

保持正常的体重

一会儿减肥，一会儿增胖，体重这样持续变换，会剥夺皮肤的弹性，结果造成松弛下垂的皮肤。

把剃须当作一种享受

在使用刀片刮须时，先将脸洗净，以防细菌侵入，之后用热毛巾敷面使皮肤的角质层软化。剃须膏须选用质地温和的，以减轻刀片对面部皮肤的摩擦。剃须后一定要涂须后水或须后乳，调理镇静紧张的皮肤，使之恢复生机，充满活力。

看病省钱有学问

通常情况下，人的一生难免会出现一些病恙，千万不要不把小病当回事儿，大病总因小病起。医院就是治病救人的地方，收入再不宽裕的人得了病也不能拖着不去看病。但看病花钱也不能任别人宰割，也要掌握一些看病的学问，懂得算算经济账。

增加医学科普知识

每种大的疾病的初期都会有一定症状，而很多要花大钱医治的大病都是由一些小病开始的。平时，买上一本医学科普书了解各种疾病的初发症状，及时去医院将小病治好。也可以多留意报刊健康版面的防病养生科学方法。这样，既对自身健康有利，又节省去医院看病的开支。保持健康的身体是最省钱的方法。

进医院要看等级

一般情况下，三级医院(也就是通常所说的大医院)因运行成本等原因，其门诊、手术和住院收费标准远高于一、二级医院。另外，按医保试行办法规定，医院等级越低，统筹金的起付标准越低，统筹金中个人支付的比例也越低。也就是说，同一个人在同等医疗支出下，到等级越高的医院就医，个人出的钱越多，到等级越低的医院，个人出的钱越少。而一些常见病，如感冒发烧、高血压、肺炎、腰椎间盘突出等病在一般的中小医院都能治，而且治疗方法也是大同小异。

进医院要看专长

因为各大医院的专科设置、医生组成、仪器设备均各有侧重，要先掌握医院的特色，比如北京同仁医院眼科、安贞医院心外科、上海中山医院心脏科等等，都是全国著名的特色专科。相关病症最好去相关医院看专家门诊，至于找哪位专家，最好自己亲自调查一下，或者向正在治疗中的患者及医院的知情人询问。

初诊时挂普通号

大多数病人都迷信专家。实际上挂专家号也是有讲究的：复诊时可挂，有疑难病时可挂,初诊时最好不要挂,除非你很有钱。为什么呢?因为初诊时无论专家还是一般医生,都要根据病情先让病人做相应的血液、尿液等物理、生化检查,然后才能确诊。

简化就诊程序

若伤、病情比较明确需要住院或以往住过院此次加重的病人,可直接到相应诊室找医生开具住院证即可,不要在门诊过多停留,更不要做什么检查或过多的检查,因为住院后为了医疗文书的完整性还要重新检查。又如一些能在门诊做的小型手术,挂号后可直接到手术室预约,不必到诊室转来转去,更不必过多地检查,但切除出的病灶部分送病理检查还是很有必要的,因为由此得出的将是目前最权威的结果。又如急诊病人或较急的伤、病病人尽可能看急诊,这样医生看病快、针对性强、检查快、出结果快,处置治疗自然也快了。

随身带着老病历

不少人看病不喜欢带病历,每次都会再花几角钱买上一本病历看病,这是个不好的习惯。其实老病历上往往记载着患者的病史和一些重要的检测结果,这些资料是医生诊治的重要参考。如果没有这些资料,患者又说不出个所以然,许多本可以免去的检查就要从头开始,这同样会加大看病的开支。

适当利用亲朋好友

如果医院里有亲朋好友还是要利用他们的优势,这样更快、省钱、有效,这个社会还是一个要关系的社会,人是需要互相帮助的。

不迷信高档检查

有些病人就诊时往往对凭听诊器、心电图、B超等简单的医疗检查作出的结论持怀疑态度,甚至主动要求CT、核磁共振等高档的医疗检查。其实,做什么检查因病而异,用什么仪器不能一概而论,否则不仅多花冤枉钱,而且检查效果可能与初衷相反。

多用基本药

医院用药一般分为"甲类目录"药品和"乙类目录"药品两类。前者是临床治疗必须、使用广泛、疗效好、同类药品中价格低的药品。后者是可供临床治疗选择使用、疗效好、同类药品中比甲类目录价格高的药品。

药理学家对"好药"的三点定义:一是必须疗效确切;二是对人体的毒副作用小;三是相对价格低廉且便于使用。由此可见,决不能把新药、高价作为"好药"的衡量标准。一些新研制出的药物可能对某些疾病有良好的疗效,但毕竟应用时间较短,一些不良反应往往不为人知,且价格往往昂贵。

多与医生交流

假如你经济条件并不十分宽裕,不能支付太多的医疗开支,你不妨直接把这些想法告诉医生。这样医生就可以从专业的角度为你计划,让你在最合理的价位上得到最有效的治疗。

在医院配药,去医药超市买药

如今,大街上大大小小的平价药房到处都是,用医保卡买一些常用药在家备着。遇到伤风感冒这种小毛病,便自己吃点药,省得再去医院挂号、开药了。如果去医院看病,也可以和医生多沟通一下,让医生告诉你可以去买哪些药,或是开点非处方药,尽量避免在医院配药。在药品的选择上,也要多选用基本药、常用药,这类药往往价格合理,疗效又经过多年验证。

防止看病时挨宰

1.住院或看病前先问明价格而不要显富,越显得有钱越容易花冤枉钱,即使真有钱也不要充冤大头;

2.要求每天打印住院治疗的明细单并仔细核对,这可预防以及减少乱收费,让护士觉得你是个斤斤计较的人并随时可能投诉医院;

3.重大治疗手术前查阅相关资料并在网上多咨询专家意见,做到心中有数。不要盲目相信大医院,很多小手术或治疗中层医院基本能解决,没必要去大医院托熟人找关系花更多的钱;

4.尽量要求医生使用中低档抗生素,治疗普通炎症一般中档抗生素就可以对付,滥用高档抗生素不仅容易造成菌群失调,还可能导致今后自己无药可用;

5.对于肿瘤病人来讲,大多数都可以通过手术治愈,不要轻信那些秘方、药物广告的治疗效果。到目前为止,全世界还没有找到能治愈恶性肿瘤的特效药,肿瘤治疗重在尽早发现尽早治疗,这样才能省更多的钱。

第五章

轻松玩转投资理财学

——你不理财，财不理你

- -

收益最大的储蓄方法

社会上的有些人为了图省事，将大量资金存放在工资卡账户里。而工资卡账户执行的是活期存款的利率，利息很低。与定期存款的利率相比，更是相差甚远。一年下来，损失的利息也积少成多了。

有的人喜欢存定活两便储蓄，认为它既有活期储蓄随时支取的便利，又可享受定期储蓄的较高利息。但根据现行规定，定活两便储蓄利率按同档次的整存整取定期储蓄存款利率打6折，从多获利息的角度考虑，应该尽量选择整存整取定期储蓄。

应急的钱：定期3个月，强过定活两便；不等分储蓄法，降低利息损失。

比如，你有1万元准备急用，但每次用钱的具体金额、时间不确定，最好选择不等分储蓄法，即把钱分别存为金额不等的几张存单，这样既可以使利息最大化，又可以降低利息损失。比如你可以把1万元分别存成500元、1000元、2000元、2500元、4000元。这样，假如你急需提取500元，只需动用500元的存单就可以了。

有长期打算的钱：递进式储蓄法，增值取用两不误。

假如你有3万元，可以1万元为单位分别存为1年、2年、3年定期。1年后，你就可将到期的1万元转存成3年定期。两年后你手中所持有的存单全部为3年期，只是到期年度依次相差1年。这种储蓄法机动性强，随时可以根据利率变动进行调整,同时又能获取3年期存款的高利息。

利滚利储蓄法:一笔钱得两份利息。

假如你每月有一笔固定收入,打算储蓄,可以先存成存本取息储蓄(假定为A折),在1个月后,取出存本取息储蓄的首月利息,再用这份利息开个零存整取储蓄户头(假定为B折)。以后每月从A折取出利息存入B折,这样不仅存本取息储蓄得到了利息,而且这些利息在参加零存整取储蓄后又得到了利息,也是一笔钱。

利息最大化的窍门说来简单:存期越长,利率越高。所以在其他方面不受影响的前提下尽可能将存期延长。收益自然也就越大了。银行的定期存款分为1年期、2年期、3年期和5年期,根据自身的需要。假如可以实现的总存期恰好是1年、2年、3年和5年的话,就可分别存这4个档次的定期,在同样期限内,利率均最高。如果有一笔钱可以存4年,最佳方式是先存3年定期,到期取出本息再存1年定期;假如可以存6年,最佳方式是存3年定期,到期将本息接着存3年定期。这里的目的只有一个——争取利息最大化。

从集中和分散来看,宜相应分散。这里的集中和分散,既指每笔存单的金额,也指存单到期的期限。在存款到期的时间上,可以采用循环周转法,比如每月从工资中取出200元,均存定期1年,一年后,每个月都有到期存款可备使用,比把钱积累到一定金额再存定期划算。

宜约定自动转存。现在银行都推出了自动转存服务,储蓄时应与银行约定进行转存。这样做一方面避免了存款到期后不及时存,逾期部分按活期计息的损失;另一方面存款到期后不久,如遇利率下调,未约定自动转存的,再存时就要按下调后的利率计息,自动转存的就能按下调前较高的利率计息。如到期后遇利率上调,也可取出后再存。

巧省跨行取款手续费

现在有一些银行在跨行取款时需要收取一定的手续费,而有些银行却免收手续费;有一些ATM机每次取款最高额为1000元,而有些ATM机一次就能取款5000元,通过上面的分析你或许已经看出省钱的方法了。

目前跨行取款大多数银行要收取手续费,取款人要想省下跨行的手续费,只能选择每笔取款额度较高的ATM机,从而减少跨行的手续费用。特别是有时候当需要一次性取出大量现金,又有不同银行的2~3个ATM机可以选择时,应该遵循以下两个原则:一个是选发卡行的ATM机;另一个是选择单笔取款金额比较多的ATM机。

一般银行并没有对跨行取款的单笔限额单独设限。本行的ATM机对本行卡与他行卡一视同仁,但当他行卡的单笔取现额度低于本行卡时,以他行卡的限额为准。以工商银行为例,其ATM取款机单笔取现的最高额度是3000元。但建设银行的银行卡单笔取现额度是2000元,当它在工商银行,ATM取款机上取款时,每次最多也只能取2000元。

此外,如果你手中持有的银行卡是浦发银行、光大银行、民生银行和华夏银行的,跨行取款有一定的优惠,它们有的同城跨行不收取手续费或者异地跨行取款有2~3次的免手续费机会,相对于其他银行卡在ATM机取款,可节约一定的手续费。

通过对这些规定了解后,今后你在ATM机上跨行取款的时候就应该掌握一定的策略。因为不管你所持的是什么卡,每次取款的最高限额仍取决于你所使用的ATM机。如你身上有一张工商银行的借记卡,准备购买一台数码照相机,需提取3800元,而附近只有两部ATM机,分别是交通银行和建设银行的。假设你到这两部ATM机的距离相等,应该去哪部ATM机取款呢?很多人会表示,工商银行的借记卡跨行收费,无论在交通银行还是在建设银行的ATM机上取款,不都一样要收费吗?

然而,这次真的是不一样。因为建设银行ATM机每次取款最高金额为1500元,如果提现3800元,就要取款3次,每次的手续费是2元,你总共被扣掉的手续费是6元。如果你去交通银行ATM机上提取3800元,因为其每次取款最高金额为2000元,你只要取款2次就可以了,同样是每次2元的手续费,你总共被扣除的手续费就只有4元。不要小看这2元的差距,很多东西都是积少成多的!

由此可见,当你用借记卡跨行取款的时候,应该尽量使用不收手续费的借记卡,同时尽量使用每次取款金额高的ATM机。根据相比各大银行了解的情况,最方便和省钱的应该是招商银行的借记卡,或者用招商银行的ATM机,因为用它的卡跨行取款不用收取手续费,用它的机器每次最高取款额也是最高的。

如何购买基金最省钱

目前市场上，投资开放式基金有很多省钱之道，掌握了这些减免手续费的窍门，也许会为你减少很多投资顾虑。

基金公司网上直销折扣多

目前，大多数基金的申购费率为1.5%。若你是长期投资者，买了基金准备放上个五年十年，那问题还不大。但若你是准备把基金当作股票炒，一年进出几个波段的话，那么1.5%的申购费率可就太高了，对于本金的消耗太大。

其实，几乎所有的基金公司都设有电子直销平台，利用这些平台申购基金，费率可以有优惠，一般4~8折不等，最低能达到2折。可别小看这折扣上的细微差距，对于大资金而言，它绝非小数目。例如同样是10万元，通过别的途径收费可能要1.5%，但通过这样的方式，0.3%费率只要300元，比起一般收费节约了1200元。除了基金公司本身，不少银行也搞活动。对于不熟悉基金网站操作的投资者来说，可以选择搞活动的银行。相对而言，银行搞活动，可选择的基金面更宽。

目前国内还出现了专门的基金团购网。比如，购买某基金，普通的申购费率是1.2%，通过团购网可以享受0.48%的优惠费率。

后端收费省钱

后端收费是指认购新基金时暂不收费，而在赎回时补交费用的发行方式，它的费用会随着持有基金时间的延长而减少。以某基金为例，如果投资者选择前端收费，认购费率为1.0%，而选择了后端收费，只要投资者持有超过1年，赎回时补交的认购费率只有0.8%；如持有超过5年，则认购费和赎回费全免。

认购费用更低

同样一只基金，发行时认购和出封闭期之后申购费率是不一样的，基金公司为了追求首发量，规定的认购费率一般低于申购费率。比如认购5万元某基金的费率为1.0%，出封闭期后的申购费率则为1.8%，两者相差0.8个百分点。单从节省手续费的角度考虑，看好某一只基金，应尽量选择发行时认购。

红利再投资节省申购费用

基金分红有两种方式：一种是现金红利，另一种是红利再投资。如果投资者看好一只基金未来的成长潜力，选择了红利再投资的分红方式，则红利部分将以除息日的基金份额净值为计算基准,确定再投资份额,增加到投资者的账户中。这种方式发挥了复利效应,同时也节约了申购费用,从而提高基金的实际收益。

同一公司基金用"转换"省钱

基金转换就是资金从原先持有的基金转换到同一公司旗下的其他基金中,相当于卖出现在持有的基金,以该笔赎回款项申购其他基金。对于投资者来说,购买了一种基金之后,已经获得了丰厚的收益,但还准备投资基金的话,应该主要关注同一基金公司的其他基金,可以节省很大的费用。

一般情况下,股票型基金互相转换,转换手续费要比先赎回再申购更优惠。对于部分基金,使用基金转换有时还可以买到打5折的基金。例如,假如想申购易方达旗下的股票型基金,直接申购费率是0.6%。但是,先购买易方达旗下的货币基金,再转换成股票型基金,申购费率只要0.3%。

不过,不少基金公司规定从货币型基金转到股票型基金,仍须按照股票型基金的申购费率收取转换费或根据两只基金费率的差距补差。

综上所述,降低成本因基金而异。在选择基金产品时,可就不同的基金产品,针对不同的手续费采取不同的策略,切不能忽略不计。在了解各基金产品的特点后,根据市场行情的变化,应通过基金产品之间的转换来规避风险,起到降低投资成本的作用。

巧省炒股成本

每个在牛市中开户的股民,很少有人明白自己操作支付了多少交易佣金,佣金3‰和1‰的区别也有许多人不放在眼里。然而,2008年的大熊市使不少股民损失惨重,现在证券公司争业务大打佣金价格战,唤醒了股民对降低佣金也能省下不少钱的意识。如若在股市里难以赚到钱的话,就应该想方设法来省钱。

自从国家对印花税调整后,许多股民便因为操作成本的降低,开始了频繁的波段操作。但交易手续费不仅仅包括印花税,还包括给证券公司的交易佣金和过户费,不要小看其中不超过3‰的交易佣金,在短线操作频繁的时候,交易佣金成本有可能让你所有的本金都赔光。

所以,不得不让在熊市赚不到钱的散户们对之斤斤计较,节约炒股成本也成了散户们的关注重点。理财要从小钱做起。理财专家也表示,如何节约炒股成本应当是散户的必修课之一。

目前,除了采用网上交易方式可降低成本外,资金实力强或交易量大的股民,可"单独要到"低佣金待遇。如果股民资产很大或者总资产虽然不大但交易很活跃,可以考虑要求优惠。但具体优惠多少,要视股民的具体情况而论。

据了解,一般资金在50万元以上就能成为部分证券公司的"大客户",这个时候的你就有资格谈佣金价格。当前由于股市深度下跌,有些证券公司的门槛也有所下降,投资者不妨根据情况找证券公司试一试。一般情况下,"优质客户"的佣金降到1‰,相当于最高时的三分之一。

面对现在各种券商降低佣金的"诱惑",业内人士也提醒投资者要谨防各种陷阱。很多证券公司宣称手续费低,但投资者实际交易后发现并不像宣传的那样,券商就会说还有什么其他费用,其实这些费用理所应当包含在佣金中。此外,股民要多注意交易明细,提防证券公司事后偷偷提高佣金比例。业内人士指出,除了要了解佣金征收比例外,还要比较各证券公司营业部在其他方面提供的服务是否完善。

风险小图心安的国债

20世纪80年代,中国进入经济恢复时期,急需大量建设资金。1981年,我国恢复发行国债(国库券),主要向国营企业、集体所有制企业、企业主管部门和地方政府分配发行,在职职工根据工资额度直接在工资中扣除,那个时候工资袋里除了人民币以外还有相同等值的国库券。其面额分为10元、50元、100元、500元、1000元、1万元、10万元、100万元八种,发行时间为5年,年利率是4%,不计复利,不得流通,不得买卖。国库券恢复发行以后,在相当长的一段时间里在企事业单位里发行。

当年的国库券就是我们现在所说的国债,又称国家公债,是国家以其信用为基础,通过向社会筹集资金所形成的债权债务关系,说得通俗点就是国家向老百姓借钱,到期后还本付息。中央政府发行国债的目的大多是弥补国家财政赤字,或者为一些耗资巨大的建设项目以及某些特殊经济政策乃至为战争筹措资金,还有就是借新债还旧债。由于国债的发行主体是国家,由国家财政信誉作担保,具有很高的信用度,因此风险小,流动性强,被公认为是最安全的投资工具。

稳健型投资者都喜欢投资国债。国债有凭证式国债、实物式国债、记账式国债三种,主要通过定向发售、承购包销和招标发行等三种方式对外进行发行。

我国发行国债的期限基本上是2~5年的中期国债,从1981年恢复国债发行至今,只有1994、1995、1996三年发行过一年以内短期债券。1998年以后发行了10年、15年、20年期限的长期国债。总的来看,一年期以内与六年期以上的国债所占比重均不到10%,2~5年期国债占80%以上。

国债利率的高低主要是根据其期限长短以及当时的经济环境而定,总的来看有时比相同期限的定期储蓄高,有时比相同期限定期储蓄的利率低,但近年来新发行的国债都比储蓄利率高,因此受到追捧。经常看到银行设网点开始营业,门口有很多老年人排长队的场面,不用问,80%是发行新的国债了。因为中老年人手里的钱大多是养老金,在他们的眼里稳妥安全是第一位的,所谓的"棺材本"决不能有任何的闪失。国债紧俏的时候有的全家老少齐上阵,提前一天轮流排队,即使这样,能买到国债的仍然是极少数,为了让更多的人买到国债,有的银行还会限制认购的数量。

近年来,自股市大跌、基金腰斩后,很多人都把目光投向了国债。前不久,国家宣布国债降息,但是仍然比储蓄利率高。况且,2008年以前我国始终处在加息的通道,如今同国际金融市场一样,各国都在调低储蓄利率,我国也不例外地进入了降息通道,以后的几年内将不会有大的改变,所以投资国债是求稳型投资者和中老年人的最佳选择。

如今这个时期,投资国债的人也更加多了,每个人可以根据自己的状况来决定。

投资国债有技巧

国债不仅仅是保值增值的工具,更是一种理想的投资工具。投资者持有国债以后,一是可以将国债作为质押向银行申请贷款;二是将未到期的国债提交银行贴现;三是将国债进行市场投资交易。

尽管目前投资渠道逐渐放宽,然而对于追求稳定收益、风险承受能力较低的投资者来说,购买国债仍然是一个不错的理财选择。资金实力小的家庭,国债投资占家庭总资产的10%~20%较为适宜;对于风险承受能力更低的老年家庭,持有国债的比例更高也不失为明智之举。

常听人说"炒国债没有什么投资技巧,买了放在那儿就是了"。那么,投资国债到底有没有技巧?

国债的投资策略可以分为消极和积极两种:消极的投资策略,是指在合适的价位买入国债后,一直持有至到期,期间不进行买卖操作。从某种意义上说,这就是上边所说的"没技巧"。积极的投资策略,是指根据市场利率及其他因素的变化,判断国债价格走势,低价买进、高价卖出,赚取买卖差价。

采用什么投资策略,取决于自己的条件。对于以稳健保值为目的、又不太熟悉国债交易的投资者来说,采取消极的投资策略较为稳妥。首先,应该结合自己的情况,选择相应期限的国债品种。其次,在该国债价格下跌到一定程度时买入,持有至到期。目前,在上交所上市的13只国债,大体可分为短、中、长线三类品种。对于那些熟悉市场、希望获取较大利益的人来说,可以采用积极的投资策略,关键是对市场利率走势的判断。

目前国债发行和交易有一个显著的特点,就是品种丰富,期限上有短期、中期之别;利率计算上有附息式、贴现式之异;券种形式上有无纸化(记账式)、有纸化(凭证式)之不同。面对林林总总的新面孔,使初涉债市的投资者容易迷失路径。如何投资国债成为众多投资者应掌握的本领。

个人投资国债,应根据每个家庭和每个人的情况不同,以及根据资金的长、短期限来计划安排。

如有短期的闲置资金,可购买记账式国库券(就近有证券公司网点、开立国债账户方便者)或无记名国债。因为记账式国债和无记名国债均为可上市流通的券种,其交易价格随行就市,在持有期间可随时通过交易场所卖出(变现),方便投资人在急需用钱时及时将"债"变"钱"。

如有三年以上或更长一段时间的闲置资金,可购买中、长期国债。一般来说,国债的期限越长则发行利率越高,因此,投资期限较长的国债可提到更多的收益。

要想采取最稳妥的保管手段,则购买凭证式国债或记账式国债,投资人在购买时将自己的有效身份证件在发售柜台备案,便可记名挂失。其形式如同银行的储蓄存款,但国债的利率比银行同期储蓄存款利率略高。如果国债持有人因保管不慎等原因发生丢失,只要及时到经办柜台办理挂失手续,便可避免损失。

如果能经常、方便地看到国债市场行情,有兴趣有条件关注国债交易行情,则不妨购买记账式国债或无记名国债,投资人可主动参与"债市交易"。由于国债的固定收益是以国家信誉担保、到期时由国家还本付息,因此,国债相对股票及各类企业债券而言,具有"风险小、收益稳"的优势。

值得注意的是,有的人认为股市风险大,因此,平时在投资国债的时候,不大关心股市的情况。这是一种误区,很可能造成损失。经验证明,股市与债市存在一定的"跷跷板"效应。就是说,当股市下跌时,国债价格上扬;股市上涨时,国债下跌。比如去年"6·24"股市井喷,债市却猛然陷入了为期一天的短暂暴跌。以龙头券010107券为例,一天就暴跌了1.99元。所以,国债投资者要密切关注股市对国债行情的影响,以决定投资国债的出入点。

个人投资者在购买国债时应掌握以下窍门:

凭证式国债适合老年人购买

凭证式国债类似银行定期存单,利率通常比同期银行存款利率高,是一种纸质凭证形式的储蓄国债,办理手续和银行定期存款办理手续类似,可以记名挂失,持有的安全性较好。凭证式国债不能上市流通,但可以随时到原购买点兑取现金,提前兑取按持有期限长短、取相应档次利率计息,各档次利率均接近银行同期存款利率。值得注意的是,凭证式国债的提前兑取是一次性的,不能部分兑取,流动性相对较差。

记账式国债适合"低买高卖"

记账式国债是通过无纸化方式发行,以电脑记账方式记录债权,并可以上市交易,其主要面向机构投资者;记账式国债可随时买卖,流动性强,每年付息一次,实际收入比票面利率高。认购记账式国债不收手续费,不能提前兑取,只能进行买卖,但券商在买卖时要收取相应的手续费。"记账式国债的价格上下浮动,高买低卖就会造成亏损;反之,低买高卖可以赚取差价。"中信银行重庆分行理财师说,个人投资者如果对市场和个券走势有较强的预测能力,可以在对市场和个券做出判断和预测后,采取"低买高卖"的手法进行国债的买卖。

电子式储蓄国债适合稳健型投资者

电子式储蓄国债是以电子方式记录债权的一种不能上市流通的债券。与凭证式储蓄国债相比，电子式储蓄国债免去了投资者保管纸质债权凭证的麻烦，债权查询方便。"电子式储蓄国债没有信用风险与价格波动风险，按年付息，存续期间利息收入可用于日常开支或再投资。"中信银行重庆分行理财师说，电子储蓄式国债的收益率一般要高于银行定期存款利率，比较适合对资金流动性要求不高的稳健型投资者购买。电子式储蓄国债在提前兑取时可以只兑取一部分，以满足临时部分资金需求；投资者提前兑取需按本金的1%收取手续费，但电子式国债在付息前15个交易日不能提取。

信托理财延续财富

放眼海外，声名显赫的肯尼迪家族、洛克菲勒家族，历经百年而弥新，家族财富没有因为家族主心骨的让位、辞世而分崩离析，究其原因，家族的前辈没用像往常传统的遗产继承方式进行财富转移，而是运用信托，在家族成员没有能力进行管理和掌控庞大的家族财产之前，把财产以信托的方式，委托有能力的专业机构或者人员进行管理，使家族财产得以永续及传承。信托不仅可以保证个人财富的传承，而且还能避免遗产的纠纷，协调人与人之间的关系和谐。

富翁名人尝试遗产信托

曾被媒体炒得沸沸扬扬的梅艳芳遗产纠纷事件，梅艳芳生前在精神状态良好的情况下，咨询了专业人员，在律师的见证下订立了遗嘱，并将遗产信托于某信托公司设立信托基金，梅妈妈的生活费由梅艳芳的信托基金每月支付。因此，尽管梅妈妈对女儿遗嘱心有不满，并付诸诉讼，但最终梅艳芳的遗产还是归入了她的遗产基金，并按照她生前的愿望进行遗产分配。

著名艺术家、企业家陈逸飞因胃出血辞世。由于是猝死，他并未留有遗嘱，因此，社会各界对他传闻中的上亿遗产如何进行分配给予了广泛关注。虽然，陈逸飞先生生前非常注重家庭名誉，但经过半年的协商，陈氏家族还是不能就遗产分配比例达成一致，而且，又节外生枝引出了陈逸飞生前所欠前妻200万美元债务的事端，致使陈逸飞遗产纠纷变得扑朔迷离。于是，陈逸飞遗孀宋美英一纸诉讼递交法院,使她与陈逸飞长子陈凛围绕继承陈逸飞遗产所产生的矛盾彻底公开。

同样是演艺界让人称道的名人,同样是身后巨额遗产纠纷,一个没有遗嘱,不仅令生者烦恼,而且还让死者不安;一个身后事早安排,立遗嘱、设信托,遗产纠纷尘埃落定。

其实,不仅"富翁"身后有产权纠葛,我们普通百姓的身后纠纷也已不乏其例。根据最高人民法院的一份统计报告,2004年全国法院审理婚姻家庭、继承纠纷一审案件1161370件。其中民间继承纠纷案件还呈现上升趋势。由此引起的家庭矛盾甚至治安、刑事案件日渐增多。

败家子基金传承家族财产

中国人有句古话:"富不过三代。"后人由于太容易得到先人的财富,不懂得珍惜,挥霍无度,纵使家财万贯,最终落得惨淡收场。所以,将巨额财富留给后人不见得是一件好事。温州正泰集团董事长南存辉初领"禅悟":下一代不仅不一定愿意"接棒",而且有可能没有资质来承负这样的家族财富。因此,南存辉倡议设立"败家子基金"。子女"若是成器的,可以由董事会聘请到集团工作;若不成器,是败家子,原始股东会成立一个基金,请专家管理,由基金来养那些败家子。"

实质上,南存辉提出的还是一个如何对个人财产进行长期管理的问题,而利用个人信托,这一目的就可以轻松得到实现。

《信托法》和《信托投资公司管理办法》等信托法律法规的出台表明国家政策对信托业发展的支持,《民法》中,明确规定私人所有权与国家所有权、集体所有权同样受到法律的保护,为个人信托市场的发展提供了保障和动力。这些都为个人信托业务的发展提供了良好的法制环境。

个人资产保值增值新渠道

个人财产的不断壮大,使人们在日常消费之余开始追求财产的保值、增值,考虑养老和子女抚养等问题。但不是每一个人都有能力、专业知识和足够的时间和精力去管理自己的财产,产生了对值得信赖的个人或专门机构提供理财服务的需求,同时,随着财产观念从传统重消费到注重财产增值与积累的转变,人们对理财方式产生多样化的渴求,普通人缺乏理财专业知识和信息,很难做出科学、稳妥的理财方案,个人信托业务收益稳定、风险水平较低、顾客高端化,利润回报率高、市场需求潜力巨大等特点,吸引了越来越多有专业优势的信托投资公司为这个市场注入强大的资金,加速了个人信托市场的创建和完善。

近年来,随着我国经济的持续快速发展,经过几代人的努力积累,社会上涌现出了一大批民营企业家、企业高级管理层,社会知名人士、知名律师、金融财务高级专业人士、教授专家以及通过其他方式积聚大量财富的隐隐富翁,而如何防范风险,保证财富稳定安全,如何将奋斗一生辛苦积累的财富用来保证自己的晚年生活、保障家庭及子女将来的生活、教育和创业,并进而使所创基业持久传承都成为他们所面临的困扰,而个人信托无疑是一个非常适合的选择。

个人信托制度弥补了许多财产制度的不足。财产的所有者不仅可以通过信托设计实现自己的各种未了的心愿,而且,通过信托这一工具避免了很多财产上的纷争,更好地协调了人与人之间的关系。在西方欧美发达国家,个人信托占到全部信托市场70%左右,机构信托占30%左右。而目前,我国个人信托基本上还是空白,个人信托的观念和信任关系还需要培育,相关法律还不完善,但随着社会财富的不断增加,人们会越来越认识到个人信托制度具有的财富保值增值的巨大作用,也会有越来越多的人利用信托来达成自己的生活及人生的目标。

如何玩转可转债

可转债全称为可转换公司债券。在目前国内市场,就是指在一定条件下可以被转换成公司股票的债券。可转债具有债权和期权的双重属性,其持有人可以选择持有债券到期,获取公司还本付息;也可以选择在约定的时间内转换成股票,享受股利分配或资本增值。所以投资界一般戏称,可转债对投资者而言是保证本金的股票。由于可转换债券兼具有债券和股票的特性,是横跨股债二市的衍生性金融商品。它含有以下三个特点:

债权性。与其他债券一样,可转换债券也有规定的利率和期限。投资者可以选择持有债券到期,收取本金和利息。

股权性。可转换债券在转换成股票之前是纯粹的债券,但在转换成股票之后,原债券持有人就由债权人变成了公司的股东。

可转换性。可转换性是可转换债券的重要标志,债券持有者可以按约定的条件将债券转换成股票。如果债券持有者不想转换,则可继续持有债券,直到偿还期满时收取本金和利息,或者在流通市场出售变现。

以前市场上只有可转换公司债,现在台湾已经有可转换公债。

简单地以可转换公司债说明,A上市公司发行公司债,言明债权人(即债券投资人)于持有一段时间(这叫闭锁期)之后,可以持债券向A公司换取A公司的股票。债权人摇身一变,变成股东身份的所有权人。而换股比例的计算,即以债券面额除以某一特定转换价格。例如债券面额100000元,除以转换价格50元,即可换取股票2000股,合20手。

如果A公司股票市价已升到60元,投资人一定乐于去转换,因为换股成本为转换价格50元,所以换到股票后立即以市价60元抛售,每股可赚10元,总共可赚到20000元。这种情形,我们称为具有转换价值。这种可转债,称为价内可转债。

反之,如果A公司股票市价已跌到40元,投资人一定不愿意去转换,因为换股成本为转换价格50元,如果真想持有该公司股票,应该直接去市场上以40元价购,不应该以50元成本价格转换取得。这种情形,我们称为不具有转换价值。这种可转债,称为价外可转。

乍看之下,价外可转债似乎对投资人不利,但别忘了它是债券,有票面利率可支领利息。即便是零息债券,也有折价补贴收益。因为可转债有此特性,遇到利空消息,它的市价跌到某个程度也会止跌,原因就是它的债券性质对它的价值提供了保护,这叫Downside protection 。

至于台湾的可转换公债,是指债权人(即债券投资人)于持有一段时间(这叫闭锁期)之后,可以持该债券向中央银行换取国库持有的某支国有股票。一样,债权人摇身一变,变成某国有股股东。

近年来,随着股市回暖,不少投资者又回到股市。中信银行重庆分行理财师说,在当前的市场环境下,投资者可适当增加可转债的投资比例。理财专家说,可转债的价格与标的股票价格之间的相关性非常高,当正股价格上涨时,可转债的价格也相应上涨,其涨幅可能超过正股的涨幅;在正股价格下跌时,可转债价格也会同步下跌。因此,在股市不断走强时,投资者买入可转债后,可以在规定的时间内将其转换成股票,享受股票的红利或实现套利;在股市走弱时,投资者一般会持有可转债到期,得到公司支付的本金和利息收益。

理财专家提醒,目前可转债二级市场高估较为严重,整体债性较差,股性较强。此外,在当前信贷紧缩的情况下,企业的再融资冲动将增大可转债的发行,因此,要想玩转可转债,投资者就应重点关注可转债一级市场的投资机会,并把握住以下投资要点:

选择在面值附近购买可转债

国内可转债的面值都是100元,投资者购买价格远高于100元的可转债,就有可能产生亏损,因为此时可转债的债性变得很弱,而股性变得很强。

购买成长性好的可转债

购入面值附近的可转债,只是保证了不会发生大的亏损,但是,投资者如果要获得理想的投资收益,还要看公司的成长性。上市公司成长性好,股票就有可能出现长期上升的走势,可转债也将会随着股票保持同步上涨。

购买条款设计优厚的可转债

比如,不同的可转债,利率有高有低,有的设计了利息补偿条款,有的利率则随着存款利率的上调而调整,这样的可转债更能够避免利率风险,比固定利率的可转债要好。

可转换债券,是横跨股债二市的衍生性金融商品。由于它身上还具有可转换的选择权,台湾的债券市场已经成功推出债权分离的分割市场。亦即持有一张可转换公司债券的投资人,可将债券中的选择权买权单独拿出来出售,保留普通公司债,或出售普通公司债,保留选择权买权。各自形成市场,可以分割,亦可合并。可以任意拆解组装,是财务工程学成功运用到金融市场的一大进步。

巧用信用卡帮你省钱

手持一张小卡片,无论卡中有无存款,只要想买什么,就能刷卡购买到什么,说到这里你一定猜出这是什么宝贝了,对了它就是具有透支功能的银行信用卡。

其实,信用卡还不止这点功能呢!如果我们运用得好,它不仅能省钱,还可赚钱。

轻松搞定分期购物

当下分期购物开展得风生水起。从大件的电脑、液晶电视到小件的服饰、日用消费品,几乎大部分都可以通过信用卡分期付款。对于持卡族来说,玩转分期购物,分的是每次的付款金额,增的是他们对于生活质量的期望和实现。有了这招锦囊妙计,不管是家电产品、休闲消费,还是借卡生钱,就不仅仅是个想法而已了。

巧用免息期

信用卡的基本功能就是透支。而在免息期(一般最长为50天)内还款,银行是不收取任何利息的。作为普通消费者,大可计算好消费日期和还款日期,使自己最长期限地使用这笔信用资金。在一些比较大的消费上,我们都可以利用信用卡的免息期来支付。先在银行开一个全额还款的账户,日常消费就使用信用卡。如果手里有两张以上的信用卡,就可以利用各卡不同的结账日来拉长还款时间。白白用银行的钱买自己需要的东西,而自己的钱可以在免息期内作投资,为自己创收益。

巧用信用卡积分获得实惠

目前,各大银行都会给持卡人计算消费积分,不同的积分水平可以换取不同价值的礼品。有些银行还会在一些重要的节假日进行信用卡促销活动,比如多倍积分、刷卡送礼、刷卡折扣、积分抽奖等等。我们平时留心一下这些活动,就可以获得很多惊喜,得到更多实惠。深圳发展银行2007年推出一款可用积分抵还月供的信用卡,将所获积分经过返点折现后,直接抵扣当月的房贷月供,使消费者从中得到了不少的实惠。

巧用联名卡

很多银行为了加强与商户的联系,往往会推出联名卡。这类卡除了可以换取消费积分,还有一个更大的好处就是购物可以打折。这种折扣不同于商家的日常促销,联名卡的性质跟会员卡的性质基本一致。

巧选对银行

各银行由于经营方式、规模等存在差异,所以对银行卡的相关收费也不尽相同。比如,银行卡年费有的银行收,有的则不收;异地取款有的银行按1%收费,有的则完全免费;另外,用银行卡汇款的手续费标准也有很大差距,有的最高收50元,有的最高仅收10元。所以,根据自己的情况和银行网点的布局,选一家相对方便、实惠的银行,也能达到省钱的目的。

巧用信用卡记账

所有消费都用信用卡刷卡(包括网上购物),到了月底,把信用卡账单打印出来,就是整月的消费记录。然后进行总结分析,看看哪些消费是非理性消费,哪些是合理消费,在下月消费的时候,重点注意。

炒股巧省佣金的银证通

随着近年来,炒股的人越来越多。那么在炒股票时选择银证通还是银证进行转账呢?吕小姐也曾经犹豫不决。后来她赶上了证券公司举办的年费优惠活动,200多元可以包一年的交易费用,大呼合算。事实上,尽管普通人认为银证通和银证转账差异不大,但证券公司的费率优惠大多集中在银证通上,如现在银证通的单笔交易最低费率可以到万分之八甚至万分之六,年费更加低廉,但银证转账的平均佣金仍然大致集中在千分之十五到千分之二十之间,很难降到千分之十五以下。吕小姐最终决定选择银证通,还有一个很大的原因是省事,毕竟账户来回划转的事情太麻烦了。

银证通这种转账方式,其实早已不是什么新鲜事,现在几乎每家银行网上银行都有银证通功能,这是银行在整合券商资源的基础上,为客户提供的投资平台,所有开户手续可在银行办理,无须东奔西走。原先,在券商处投资股票,客户需分别在券商和银行两处办理相应手续,资金完全封闭在券商处,如果想调动资金,还得在券商和银行之间两头跑。但有了银证通,则无需进行资金调拨,存入银行的资金可以直接买入股票,而抛出股票,资金直接进入你所在银行的账户。

其实除此之外,银证通还有很多优势可为投资者所利用。

对于上班族炒股而言,传统的方式一般要先下载某券商的交易软件,但多数单位都对券商交易平台进行屏蔽设置,而通过某些银行网上银行的银证通功能,可直接在网上银行委托交易。

例如浦发银行前期推出的银证通"滚动委托"功能,客户可同时设置一个股票的买入价和卖出价,挂单委托可以长达30天,委托期内,只要股票价格在任何时间达到客户设定的买入价,就会自动买入,然后在价格达到设定的卖出价时,就自动卖出,等再次到了买入价时还可自动买入,关键是通过"滚动委托",客户可在安心工作的同时,让银证通帮客户牢牢把握在此区间内股市每一次瞬间的赚钱机会。

银证通的优势还远不止这些,如果投资者通过券商交易系统买卖股票,账户中的闲置资金只能享受活期利息,而通过银证通交易,客户还可通过申请"约定转存"等增值业务,享受利息升级的实惠,而且这些"约定转存"的资金随时可以抽出,不影响股票交易的速度。最值得称道的,是浦发银行的"约定转存",当天抽出的资金如果当天返还,还不影响定期利息。

银证通系统不仅可以在投资股票上使用,还可买卖记账式国债和各类封闭式、开放式基金。

购买保险的省钱术

一般情况下,保险的价格是确定的,但只要学会以下四招省钱术,保准让你以较少的钱买到较为合适的保险。

赶早不赶晚

购买同一种保险产品,年龄越小价格越便宜;另外,我国从恢复人身保险以来,保险费率几乎没有降过,从总的发展趋势看,以后保险价格上调的可能性仍然较大;再就是以后身体欠佳时,买保险就要额外收取附加保费。所以,早买保险不但便宜,而且早受益。

不买"大而全"的保险

对于经济拮据的家庭来说,投保主要是防止患大病时没有经济救助,只要有针对性地购买重大疾病保险就行了,没必要买既有人身保障又有投资功能的投资分红类保险。如果确实需要多种保障,一时又没有合适的综合性保险产品,可从单一保障功能的保险品种中组合搭配。

充分利用附加险

附加险是指投了主险后才能投保的险种,比如"附加意外伤害保险"、"附加住院医疗保险"等。这些附加险的价格比主险的价格低得多,而保障较高,有些保障弥补了主险的空缺。主险和附加险搭配使用,可起到"珠联璧合"的作用。

尽量选择分期交付保险费

有的保险条款规定,当被保险人高度残疾时,或者投保人去世时,余下的未交保险费可以减交或免交,且保险合同继续有效。因此保险费的交费方式最好选择分期交付。

购买寿险的省钱术

大多数人都会选择在自己人生的某段时间购买人寿保险。无论你是购买房屋、结婚、创业还是退休,几乎每个人在某些时候都需要人寿保险从资金上保护自己爱的人。所以为了替你节省多一点的人寿保费,就显得尤为重要了。下面整理出了几条省保费的方法。

选择定期人寿保险。购买定期人寿保险能以最少的钱,覆盖最大的保险范围。定期人寿保险虽然没有投资或储蓄成分,却是保费最少的一种保险。

如果你身体健康,那就不要购买保证批核保险。保证批核保险无疑是最理想不过的了,因为它不需要健康检查,但也就是由于这个原因,它的保费也更贵。如果你身体健康,那购买需要身体检查的保险时,保险费率会低一些。

购买自己需要的保险。保险购买得太少不好,但买太多也没有必要,只是浪费保费而已。所以在购买保险前,考虑好自己的需要。当然,购买保险也有例外。虽然说要购买自己必须的保险,但保险买得越多,保费也就会越便宜。虽然这不是普遍现象,但有些保险公司为了让你多买一些保险会少收你点钱。如果你是为自己和配偶购买保险,那就购买联合人寿保险。联合人寿保险的保费要比两份具有相同保险范围的保险低15%左右。

一次付清年度保费而不是每月支付保费可以节省资金。几乎所有人寿保险公司都会向你收费以弥补每月收取保费的成本费。

不同公司的人寿保险保费是不同的,所以在购买前要相互比较。一个简便的方法就是在网上比较各公司的人寿保险报价。

团险投保,省钱多多

　　团险是团体保险的简称,通常是企、事业单位为自己的员工投保(如团体意外)。团险一是价格比较优惠,二是公司可以跟保险公司协商部分条款(当然公司要有一定规模,才会有此种议价的能力)。

　　这里的靠团险省保费,有一个首要原则就是要进入福利好的大公司。通常那些赚大钱的大公司,提供给员工的定期寿险、住院医疗或意外险等团险福利,保额高、保障多,而且员工多数不用花自己的钱。

　　其实,低投入、高保障的投保策略并非不能实现,想要省保费,最重要的就是要懂得运用公司的团险。

　　如若进入福利好、人数多的大公司上班,光是靠公司团险,一年至少可为自己省下几万元不等的保费,等于多赚到一到两个月的工资呢。

　　如果一对夫妻在不同产业、不同公司上班,可以比较一下丈夫或妻子的公司,哪一家的团险费率较低。这时候,可以把家中其他成员如父母、子女等,挂在这家公司团险计划之下,例如帮父母加买寿险、医疗险,或是帮孩子买意外险,如此就可省下一笔保费支出。

　　如果公司提供自费投保方案,也不要轻易放弃,通常团险费率比外面代理人卖的个人商业保险要便宜的多。

　　部分公司还有所谓"职域保单",也就是保险公司专门为某种工作领域所设计的个人保单。一般说来,选择这类保单,保费也比一般个人商业保险便宜2%到3%。

　　综上所述,如果选对了一家大公司,可以挂靠公司团险的优势,至少可以帮自己省去不少的保费,这在"省钱有理"的时代,实在是太重要了。

如何投保医疗险最省钱

　　如今,我国保险市场上的商业医疗保险可谓是品种繁多,保障内容也各不相同。怎样才能从众多的险种中找到既花钱少又能得到理想保障的险种呢?这里提供一些技巧供掌握。

分开投保

购买费用型医疗保险，即依照住院时所花费的医疗费用按比例报销的保险。用相同数目的钱投保相同的保额，分别在两家保险公司投保，要比单独在一家保险公司投保更划算。

买津贴型保险

如果已经参加社会医疗基本保险，只是想以商业医疗保险作为一种补充手段，以分担需要自费负担的那部分医疗费，或因病所造成的收入损失，那就应该选择给予住院补贴或定额补充的险种。

在投保住院津贴型保险后，理赔时就不会受社会医疗保险的影响，商业保险公司会按实际情况给予赔付。因为津贴型住院医疗保险，是根据保险人的住院天数以及手术项目定额给付的，与社会保险互不相干，赔付时也不需要保险人出示任何费用清单。

灵活方便的保单借款方式

有的时候一些保户因临时需要用钱，而采取退掉保险的方式，这样一来，会损失掉相当高的手续费。其实，目前很多保险产品附加有保单借款功能，即以保单质押的项目，根据保单当时的现金价值70%~80%的比例向保险公司进行贷款。这样既解决了急需，又避免了退保时所带来的损失。

一时间，保单借款成为不少头脑灵活的投资者盘活保险资产的重要途径：不少保险客户选择质押保单，借款后用于炒股等投资，让保险账户中的"死钱"实现再升值。数据显示，2007年平安人寿广东分公司的保单借款业务创历史新高，全年共给付借款6513件，合计金额达1.2亿元，同比借款件数上升了85%，金额增加了124%。而国寿广东分公司2007年的保单贷款也达到1.3万多件，同比前一年增长了30%。

具体做法，保单所有者既可到保险公司网点直接借款，又可在保险公司打印保单现金价值后，到它的合作银行申请保单质押贷款。在利率方面，到银行贷款执行银行贷款利率，在保险公司借款的利率则可能更低。

　　所谓保单借款,就是保单所有者以保单作为质押物,按照保单现金价值的一定比例,获得短期资金的一种融资方式。根据各公司规定的不同,可保单借款的产品一般以寿险产品居多。对于可以借款的保单,投保人只要缴纳保费在1年以上,一般便可用于抵押借款,借款的金额不能超过保险单当时现金价值的80%。

　　保单借款的借款期限一般为6个月,只要保单缴费有效,每次期满时都可以通过偿还息再次续借,每次续借同样是6个月,而且续借的次数不受限制。因为还贷时间和金额非常灵活,借款利息都是按天计算的,所以喜欢长期投资的保户,可以长期续借。而且只要保单不超贷,即借款本利和不超过保单现金价值,保单有效,借款期间出险,同样可理赔。

　　一般情况下,保险公司的保单贷款利率更改时间一般在每年的1月1日或7月1日。遇到保险公司调整借款利率,自调整日起借款利息将采用新利率,因此保户在申请借款后,一定要关注了解最新的利率信息。

买外汇省钱有招法

购买外汇时应选对时机

　　在如今汇率波动较大的情况下,选择换汇时机很重要。比如2008年下半年澳元等高息货币跌幅巨大,2008年7月中旬至年底的最大跌幅已超过35%,它的风险不亚于股票市场。目前下跌趋势没有明显改变,市民不用急于购买澳元。如果兑换澳元,最好一次不要兑换太多。

　　当然,市民如果把握不好选择何时购汇的时机,也可以向银行有资质的专业人士进行咨询,或关注权威机构对外汇走势的评论,多做些参考,这样有助于把握最佳的时机。

套汇购汇要有讲究

　　例如按2008年10月份美元的平均汇率为6.8436元人民币计算,用人民币直接兑换澳元(即购汇)合算,还是先用人民币换美元,再用美元换澳元(即套汇)合算比较合适。

　　10月13日下午3时,100澳元中国银行的卖出价是人民币461.71元,而当时澳元兑美元的报价是0.673元,也就是说,购买100澳元需要67.45美元。中行当时美元的报价是684.02也就是说,购买100美元需要684.02元人民币,也就是说当时购买67.45美元,需要460.68元人民币。这说明先用人民币换美元,再用美元换100澳元,花费人民币反而更少些。

善用网银巧比较

理财师建议,对于不熟悉外汇市场的市民,可以充分利用银行的网站。大部分银行网站都有外汇牌价,工行、农行、中行、建行、交行等大部分银行网站都有及时更新的外汇牌价,工行、中行等网站上还可以查询外汇历史牌价,可以看出某币种一段时间以来的走势。有的银行网站还有非常方便的小工具,如中行上海分行网站首页还有外汇计算器,只要输入本币金额、本币币种、兑换币种,点击"兑换"就可以根据最新汇率算出兑换后的金额。

免收利息税的投资领域

现在,大多数领域投资都要收取一定的利息税,而有几种投资就不收利息税,可让人们达到增加投资收益的目的。

人民币理财产品

以光大银行推出的阳光理财B计划二期产品为例, 一年期理财收益为2.8%,三年期理财收益为3.3%,五年期收益4.2%,收益率分别为同期定期存款(整存整取)的1.41倍、1.31倍和1.5倍,且理财收益不用缴纳利息税。

国债

国债属于风险几乎为零的投资品种,国债的利率略高于同期的银行存款,并且免征利息税。所以,将较长一段时间不用的存款转为购买国债是比较合算的。

购买保险

购买部分险种不但能获取高于银行存款的收益,而且还可规避利息税。另外,现在许多保险公司推出了分红保险,既有保险作用,又能参与保险公司的投资分红。

教育储蓄

《个人所得税实施办法》第5条规定，教育储蓄免征个人所得税。教育储蓄为零存整取定期储蓄存款，最低起存金额为50元，本金合计最高限额为2万元。

开户对象为在校四年级（含四年级）以上学生，开户时储户与金融机构约定每月固定存入的金额，分月存入，存期分为一年、三年、六年，只有凭存折和非义务教育的录取通知书原件，或学校开具的证明原件支取到期存款时才能免税。

货币市场基金

货币市场基金是指一种开放式投资基金，主要投资于到期期限在一年以内的国债、金融债、央行票据和从A级企业债、可转债等短期债券以及债券回购、同业存款、商业票据等流动性良好的短期金融工具。目前，申购与赎回货币市场基金时不用支付手续费。

将存款转入股票账户

按照有关政策规定：个人股票账户的保证金统一由证券公司集中管理，由银行以证券公司的名义开具专户，不作为个人的一般储蓄账户，因此证券保证金的利息（按活期储蓄存款利率计算）不用交纳个人所得税。

居民将手中的活期存款转入到股票保证金账户中，不但可照常获取利息，而且不用缴纳利息税，若申购新股成功，还能赚取一笔可观的利差。如此一来，存款不用投入到风险较大的股票二级市场，又可赚取银行活期利息收入，相当划算。

金融债券

根据《个人所得税实施办法》的规定，个人取得的国家发行的金融债券的利息免征个人所得税。

提防理财中的"投资陷阱"

投资是每个人通往财富殿堂的必经之路，但对多数人来说，投资之路并非那么坦途，往往人们在投资的过程中会遇到各种各样的陷阱，这些陷阱都是骗子们为了骗取投资人的钱财而精心设计的，投资人若是一不小心掉了进去，辛辛苦苦赚来的钱财就会不翼而飞，甚至可能倾家荡产，家破人亡。为此，我们非常有必要对"投资陷阱"这一问题进行深入的剖析,使人们有一个清楚的认识,从而让你远离"投资陷阱"。

面对各种各样的投资陷阱,归纳起来总结了四句话:年年岁岁骗相似,岁岁年年人不同;年年岁岁诈相似,岁岁年年事不同。其实,各种投资陷阱虽然表面上各有"特色",但不外乎就那么几招,换汤不换药,没什么新鲜的。下面我们就来看看骗子们惯用的手段。

能让你"一夜暴富"

"一夜暴富"是大多数人心中所想、梦中所求的事情,骗子们正是迎合了人们的这种心理,从而制造了各种诱人暴富的所谓"投资"项目,并配以鲜活的案例,从而达到请君入瓮的目的。绝大多数的投资陷阱都具有这一特点。

那种"无风险高收益"的好事

"无风险高收益"这句话听起来很可笑,但它却迎合了一些人迅速发财致富的心理。骗子们也是顺应这部分人的需求,制造出所谓"零风险高收益"的投资项目,比如产权式酒店、托管造林等等,等着出售给他们。为了增加这些项目的可信度,他们有时会在项目中引入第三方"担保",从而让投资人彻底放心,而担保人表面上是某某担保公司,实际上就是骗子自己。

迅速让你尝到"甜头"

骗子们利用人们幻想赚"快钱"的心理,在非常短的时间里就让投资人获得"收益",从而消除投资人的疑虑,增强投资人的信心,诱使投资人敢于"大举投资"。比如,我们前面讲到的非法集资陷阱、黑基金陷阱、地下六合彩陷阱等等,都是如此。

披上合法的外衣

骗子们大都会为自己的项目披上合法的外衣,从而增加投资人的信任度。比如托管造林陷阱就极力宣传"托管造林"模式是响应中央9号文件的精神,是国家鼓励社会主体参与林业建设和投资的新模式,以此来欺骗投资人;地下六合彩陷阱就打着香港六合彩的旗号,声称是香港六合彩公司的代理。

虚构"有势力"的形象

骗子们大都对自己进行过度包装,经常以"大公司"、"集团公司"的面目出现,号称注册资本数千万或上亿元,业务涉及多种产业,他们还租用高档写字楼,开着高档汽车,其目的是骗取投资人的信任。

构建"神坛",打造"神人"

骗子们通过各种方法,在诸如炒股等领域,构建"神坛",打造"神人",吸引崇拜者,诱使他们对"股神"顶礼膜拜,骗取钱财。

为你找到创新项目

"创新"项目意味着前无古人,投资人没地方去调查和比较,难以获得充分的信息,比如托管造林陷阱、分时度假陷阱等等,都是如此。

告诉你是海外项目

海外项目同样意味着投资人没有地方查询,骗子们说什么就是什么,比如原始股陷阱就属于这一类的诈骗。

对付银行收费的小诀窍

巧用异地无卡续存

现在有些银行为了能够吸收存款,银行对某些银行卡品种的异地存款免收手续费,比如工行的牡丹信用卡等,灵活利用好这一政策可以达到免费汇款的目的。如果有个人汇款、生意往来等资金转移需求,你可以和收款人都办一张这种异地存款免费的银行卡,使用频率不高也可以借用亲戚朋友的。你给对方汇款的时候,凭对方的卡号可以在当地同系统银行办理异地无卡续存业务,资金可以即时到账;如果对方给你汇款,也可以采用这一办法。这种汇款方式无论汇多少次、汇多大金额都是免费的,对那些经常给亲属汇款或生意资金往来频繁的人来说最适合不过。

避免小额账户收费

一般人们都习惯将银行卡中的钱攒到一定金额后再转存定期存单。其实目前多数银行开通了银行卡存款自动转存定期的功能,只要和银行签订自动理财协议,银行卡中的钱达到一定金额便可自动转存为定期,当你因取款或消费发生余额不足时,银行电脑会自动支取一笔损失最小的定期存款。这样不但能提高银行卡资金的收益,而且各家银行对小额账户收费,自动转存的定期存款也算在银行卡的项下,从而可以避免因银行卡日均余额达不到要求而被收取小额管理费。

节省跨行取款费

目前多数银行对跨行取款要收取每笔两元的手续费,为了节省此项开支,应尽量选择网点和ATM机数量较多的银行,这样可以减少跨行取款的机会,节省开支。另外,有的银行规定每月的前三笔跨行取款是免费的,跨行取款次数如果不是很多的持卡人,也可以选择这种银行卡,不但能节省跨行取款的开支,还可以在同城所有加入银联组织的ATM机上取款,增加选择性和方便性。

使出金蝉脱壳计

当前各家银行对银行卡和存折的挂失都要收费,利用好银行制度上的缺陷可以省去挂失开支。办理银行卡后应尽量开通免费的网上银行,然后把自己的活期存折、定期存单以及其他银行卡全部挂到这张银行卡下,这样除了便于资金管理之外,此后无论是银行卡、活期存折还是定期存单丢失和忘记密码,都不用去银行挂失,在需要转出的时候,直接通过网上银行把相关账户上的钱全部转到自己的其他账户中就可以了。这一招挺绝的,有点像三十六计中的"金蝉脱壳"。

向银行"借"款有妙法

在通胀时期向银行借贷显然不划算,但是利用一些巧妙的办法,借助变相借贷的方式,就可以减少消费支出。

信用卡分期付款

购买大额商品,可以选择信用卡分期付款的办法。比如工商银行和国美电器在全国范围内均有合作,规定持卡人购满1500元至5万元,选择分6期付款,免手续费和利息,如分12期,免利息,但须交纳2.5%的手续费。如在国美购买的某商品价格为3万元,分6期付款,意味着每个月支付5000元,按照8%的年通胀率计算,相当于现在一次性支付了28648元,比不选择分期付款的方式节省了1352元。

用足透支免息期

与信用卡分期付款相比,这是一种相对短期的方法。信用卡透支起到了延期还款的作用,在CPI高起的时期,相当于在以后支出了较少的款项,减少的手头现金支出可以用于其他投资。但是信用卡透支要慎重,超出免息期将要付出高额的费用,得不偿失,而且有的信用卡没有免息期。免息期和最后还款期直接相关。

以牡丹国际信用卡为例,它规定了25~56天的免息期,这56天免息期是最长能达到的期限,并不是每次的透支消费都能享受。牡丹国际信用卡透支消费后,次月25日为最后还款期,若在3月1日透支消费,须在4月25日前还清款项,即可享受最长的56天的免息还款期;若在3月31日透支消费,同样须在4月25日前还清款项,只可享受最短的25天的免息还款期。

让借款人省钱的招数

如今说起理财,大家或许会认为那是有钱人的事。那么,借债也能理财这种事情你就更不会相信了。

比如建行就陆续推出了为借款人理财的系列产品和服务,有的可以节省借款人的贷款利息支出;有的可以让借款人享受一次性付房款的折扣;有的可以节省借款人的罚息支出;有的可以减少借款人奔波次数,为借款人省下交通费;还有的可以让借款人装修时享受团购价格,节省装修费用。

个人二手楼循环额度贷款

借款人将所购现房抵押给建行,建行让借款人把不动的房产变成流动的现金,当借款人需要资金时,可以随时动用,用多少,算多少,不用时免利息。贷款额度可随借随还,不断循环使用,帮助借款人实现买房、装修、买车、求学的理想。

"存贷通"增值账户

要求借款人将月供还款存折账户申请为"存贷通"增值账户,账户内存款高于5万元时,建行将按照一定比例视为提前还贷(账户存款余额不变),减少借款人实际利息支出;而在借款人需要资金时,可随时提取。

提供不足额扣款服务

当借款人还款账户资金不足以归还本期贷款本息时,建行引进的先进贷款系统为借款人提供有多少扣多少的服务,可以为借款人节省罚息支出。

提供多账户扣款服务

按客户和建行约定的扣款账号和扣款顺序自动还款，客户不必辛苦转账和提现，可以减少辛苦奔波交通费支出。

享受免年费

赠送双币种贷记卡并免首年年费，办卡送15000元的家庭财产保险，每年刷卡3次，可免次年贷记卡年费，省钱！在建设银行申请办理个人住房贷款业务，可节省贷记卡首年年费80元。

提供快乐装修服务

建行与装修市场上知名品牌的厂商或销售商签订长期合作协议，在建行贷款的借款人，持建行信用卡或"乐当家"理财卡，购买指定品牌正价商品通过POS刷卡付款或在指定专卖店刷卡付款享受6.3~9.4折优惠，实现"零售量、团购价"的购物优惠。

创业融资省钱有窍门

大多数年轻人在创业初期往往求"资"若渴，为了筹集到自己的第一桶创业资金，根本不考虑筹资成本和自己实际的资金需求情况。但是，如今市场竞争使经营利润率越来越低，除了非法经营以外很难取得超常暴利。因此，专家建议广大创业者在创业融资时一定要考虑成本，掌握创业融资省钱的窍门。

亲情借款，成本最低的创业"贷款"

创业初期最需要的是低成本资金支持，如果比较亲近的亲朋好友在银行存有定期存款或国债，这时你可以和他们协商借款，按照存款利率支付利息，并可以适当上浮，让你非常方便快捷地筹集到创业资金，亲朋好友也可以得到比银行略高的利息，可以说两全其美。不过，这需要借款人有良好的信誉，必要时可以找担保人或用房产证、股票、金银饰品等做抵押，以解除亲朋好友的后顾之忧。

精打细算，合理选择贷款期限

目前国内银行贷款一般分为短期贷款和中长期贷款，贷款期限越长利率越高，如果创业者资金使用需求的时间不是太长，应尽量选择短期贷款，比如原打算办理两年期贷款可以一年一贷,这样可以节省利息支出。另外,创业融资也要关注利率的走势情况,如果利率趋势走高,应抢在加息之前办理贷款;如果利率走势趋降,在资金需求不急的情况下则应暂缓办理贷款,等降息后再适时办理。

巧选银行,贷款也要货比三家

按照金融监管部门的规定,各家银行发放商业贷款时可以在一定范围内上浮或下浮贷款利率,比如许多地方银行的贷款利率可以上浮30%。其实到银行贷款和去市场买东西一样,挑挑拣拣,货比三家才能选到物美价廉的商品。相对来说,国有商业银行的贷款利率要低一些,但手续要求比较严格,如果你的贷款手续完备,为了节省筹资成本,可以采用个人“询价招标”的方式,对各银行的贷款利率以及其他额外收费情况进行比较,从中选择一家成本低的银行办理抵押、质押或担保贷款。

合理挪用,住房贷款也能创业

如果你有购房意向并且手中有一笔足够的购房款,这时你可以将这笔购房款“挪用”于创业,然后向银行申请办理住房按揭贷款。住房贷款是商业贷款中利率最低的一个品种,如5年以内住房贷款年利率为4.77%,而普通3~5年商业贷款的年利率为5.58%,办理住房贷款曲线用于创业成本更低。如果创业者已经购买有住房,也可以用现房做抵押办理普通商业贷款,这种贷款不限用途,可以当做创业启动资金。

提前还贷,提高资金使用效率

创业过程中,如果因效益提高、货款回笼以及淡季经营、压缩投入等原因致使经营资金出现闲置,这时可以向贷款银行提出变更贷款方式和年限的申请,直至部分或全部提前偿还贷款。贷款变更或偿还后,银行会根据贷款时间和贷款金额据实收取利息,从而降低贷款人的利息负担,提高资金使用效率。

用好政策,享受银行和政府的低息待遇

创业贷款是近年来各大银行推出的一项新业务,凡是具有一定生产经营能力或已经从事生产经营活动的个人,因创业或再创业需要,均可以向开办此项业务的银行申请专项创业贷款。创业贷款的期限一般为1年,最长不超过3年,按照有关规定,创业贷款的利率不得向上浮动,并且可按银行规定的同档次利率下浮20%;许多地区推出的下岗失业人员创业贷款还可以享受60%的政

府贴息;有的地区对困难职工进行的家政服务、卫生保洁、养老服务等微利创业还实行政府全额贴息。

个人创业巧节税

在现实生活中,成功的创业者在与税收共舞的过程中可以跳得非常完美,他们不断在税收上寻找机会,把各种类型的税收优惠政策用足。例如,曾经有一家国内非常知名的科技公司,把公司总部设在深圳,多数业务则集中在北方的一个城市。一年下来,仅个人所得税就为公司员工省下上百万元。方法很简单,深圳原来个人所得税的征税起点高,这家公司员工的工资均从深圳发出。

世界上再完美的税法也有漏洞,既然有漏洞就有机可乘。只不过要悠着点,不要聪明反被聪明误,因税收问题而玩不转的案例比比皆是。

投资产业类型的影响

在进行投资之前,应该慎重考虑投资产业的类型。国家对于不同类型的产业,税收政策也不相同。

《营业税暂行条例》规定如下机构可享受税收减免优惠:

托儿所、幼儿园、养老院、残疾人福利机构提供的育养、婚介等服务;残疾人员个人提供的劳务;医院、诊所和其他医疗机构提供的医疗服务;符合国家规定的民政福利企业和废旧物资回收企业;符合国家规定的高新技术企业;符合条件的第三产业企业,以废渣、废水、废气为主要原料生产的企业;教育部门所属的学校办的工厂、农场、民政部门所属的福利生产企业,乡镇企业。

投资地点的影响

选择企业的注册地点也大有学问,可以选择国家出台的优惠政策中鼓励投资发展的地区进行投资。

另外,某些城镇为了吸引投资,也有类似减低税率的优惠地方法规。这就需要投资者与当地政府商量协调,争取获得最大的地方补贴,减少税率。

投资方式的影响

投资方式是指投资者以何种方式投资,一般包括现汇投资、有形资产投资等方式。

如果你准备选用自有房屋进行投资,可以在采取收租方式和以实物投资参与经营分红的方式中进行选择,比较哪一种方式能明显减低税负。一般而言,营业用房产税是按房产余值的1.2%按年征收,这里的房产余值是依照房产原值一次减除10%~30%后的余额计算缴纳;出租房屋的房产税是按租金收入的12%按年征收。

采取收租的方式:企业支付的租金作为费用计入经营成本,减少应纳税所得额,年终分红数额减少,企业税负和个人所得税税额都有减少。但是房屋租金收入需要缴纳营业税。有专家建议,在与他人合伙经营时,收租的方式较以房抵资要明智一些。

采取以房屋作价参与经营的方式:根据上述分析可知,企业所得税和个人所得税将较上述方式增加不少。但不用缴纳租金营业税。

如果选择现金直接投资,用银行贷款的方法也能达到节税的目的。根据国家规定:以自有资金或银行贷款,用于国家鼓励的、符合国家产业政策的技术改造项目的投资,可以按40%的比例抵免企业所得税。假设有一个中外合资经营项目,合同要求中方提供厂房、办公楼房以及土地使用权等,而中方又无现成办公楼可以提供,这时中方企业面临两种选择:一种是由中方企业投资建造办公楼房,再提供给合资企业使用,其结果是,中方企业除建造办公楼房投资外,还应按规定缴纳固定资产投资方向调节税。二是由中方企业把相当于建造楼房的资金投入该合资经营企业,再以合资企业的名义建造办公楼房,则可免缴固定资产投资方向调节税。

雇用不同员工的影响

按照规定:新办的服务型企业,安排失业、下岗人员达到30%的,可以免征三年营业税和所得税。这个政策看起来非常简单,但非常实用。该公司可以安排两个下岗女工干食堂,再安排一个失业或下岗人员给领导开车,这样,80万元的税就不用缴了。

2004年的税务政策规定:兴办的私营企业安排退役士官达到30%的,可以免征三年营业税和所得税。该公司完全可以招一个退役的男兵开车,招两个退役女兵担任秘书和话务员职务。同样能达到节税的目的。

由上可见,只要善于运用国家优惠政策,合理节税并不是一件难事!

房地产投资学问多

张女士是土生土长的苏州人,夫妻俩都有稳定的工作。在1998年时,她把眼光投向了房地产,用手中的10万元买了一套房子;到了1999年,杭州的房价开始上涨,但总的幅度还是不大,看准了这个机会,张女士又掏出不多的钱买下了一套房子。到了2002年时,张女士的手中已经有了5套房子,其中有三套房子是按揭的。

到了2006年,苏州的房价大涨,张女士毫不犹豫地抛出了手中的3套房子,净赚40万。张女士说,除了住的那套房子,剩余的一套最有升值的空间,等看准了机会,她就会把它卖出去。

随着我国房地产业的发展和住房制度改革的推进,许多家庭在满足温饱型生活的基础上,把多余的钱投向利润高、风险小的房地产业。

房地产是指房屋建筑与建筑土地有机结合的整体,它既是最基本的生产资料,又是最基本的生活资料。由于房地产在物质形态上总是表现为房地不可分离以及难以移动等特性,所以国外通常把房地产称为不动产。

同其他投资性的商品相比较,房产投资有自己的特征。

差别性。由于房屋不可移动,所以所在的地理位置也决定了房屋的价格,即相同的房屋在不同的城市,或在同一城市的不同地段,价格也相差很多。即使在同一幢楼中,由于层次、朝向等的差别,其价格也不同。

升值性。由于土地资源的不可能再生性和土地投资的积累性,房地产随着使用时间的延续,价格非但不会降低,反而会保值增值。而现在,随着传统家庭观念的转变,几世同堂的现象已不多见,因此居民对住宅的需求量会逐渐增长。

长期性。一般的消费品使用的时间比较短,有的消费品在使用一段时间后,价值就会大打折扣。但是土地具有不可毁灭性,建筑物的耐用年限也可长达数十年、上百年,甚至几个世纪,所以房子是可以长期使用的。即使是房屋用过数十年,但其价格与新房相比也不会相差很大。

稳定性。房地产是典型的不动产,不同于股票、收藏品等,其价值相对稳定,一般不会有大起大落。只要房产建筑的地方好,房产不会因为生活形态或科技的改变而过时。居住过的房子,只要经过改造、装饰就是新的产品,所以对价格也没有多大的影响。

房屋虽然是属于不动产,但也存在着风险。

水火等灾害。房屋一旦遇到洪水、大火、地震,有可能就变成一堆废墟。碰到这样的情况,还是可以向保险公司投保。

社会发展的影响。社会的发展日新月异,假如你的房子原来位于黄金地带,但由于政府发展的规划,那么你房子所在地的经济就可能变得萧条。如果你投资的是店面,附近的人流较多,那么价值也就较高,反之,价格就会贬低。

流动性差。由于房产自身的特点,决定了它的流动性比较差,所以它适合的投资人群是资金多,打算作中长期投资的投资者。所以,投资者在投资房地产时,要明确自己的投资目的和自己的资金状况。如果资金不足,你将面临着相应的风险。

人的因素。有的房地产开发商为了减低成本,就在房屋的建造上偷工减料,因此"豆腐渣工程"也屡见不鲜,如果是遇到这样的情况,损失则是不可估量的。

所以,在投资房产时,一定要注意多方面的因素,这样房子才有增值的可能。

我们在进行房产投资时要把握房产的买卖时机,关键在于投资者能否深入细致地分析影响房地产市场的各种因素。

其实,房产买卖的基本准则是:当房产的市场价格高于它的内在价格时,便是卖出的时机;当房产的市场价格低于它的内在价值时,就是买入时机。

买入时机对于房地产投资者非常重要。最佳的购买时机,就是成交价格比预售的价格要低,从而减少本金。一般来说,房产的开发时期、经济萧条时期、通货膨胀之前买入房产是最佳的时机。

房产开发时期。房地产刚开发时期,很多人对该地区的价值认识不足,因此价格常常会很低,其市场的价格往往高于实际价值。对于房地产开发商来说,他们急于收回资金以归还银行贷款,偿还各种债务,因此愿意低价出售;对于真正想买房居住的人来说,他们的购买力尚未转入该地区的房地产市场,所以需求者也较少。

随着房地产开发的进程加快,很多投资者就把眼光集中到了这里,因此,推动了房地产的价格,让其呈直线上涨。而在房地产刚开发时就以低价买进,则减少了投资的资金。当然,你购买的房屋有没有升值的潜力,是你首先应当考虑的问题。

经济萧条时期。当社会经济萧条时，人们的整体投资水平也会下降，购买房产的能力也会下降，于是，房地产的价格就会下跌。反之，房地产的价格会上涨。因此，在经济萧条时期买入房子是比较好的时机。

通货膨胀到来之前。通货膨胀时期，货币贬值，所有的物价会持续上涨，房产也不例外。因此，投资者如果对社会经济形势有比较全面的了解，在通货膨胀前买入房产，然后在通货膨胀时期卖出就是成功的投资。

坚持低价买入，并不是房产价格下跌就买，更不是买得越多越好。通常房产价格走势下跌时，不仅成交困难，成交以后，也不见得出手容易。如果买入房产后，房价迟迟没有上涨，而自己又需要钱用，那么就陷入了上下两难的境地了。

而卖出房产的最好时机就是在房产价格波动的最高峰时，价格波动的高峰期不外乎经济高涨时期、通货膨胀时期。当然，如果房产的价格高出或达到了你心目中的盈利目标，那么你也可以果断地将手中的房产卖出。

经济高涨时期。经济的高涨时期让各个行业的投资上涨，因此，人们对房产的需求也较大，而房产的价格上涨也是必然。如果投资者在此时卖出手中的房产，就可以盈利。

通货膨胀时期。通货膨胀时，大量货币的持有者心里会有一种不平衡的感受，认为货币贬值了，钱就不值钱了，而把钱变成实物就会安全得多。人们为了避免货币的贬值，达到保值、增值的目的，会急于把自己的钱变成实实在在的实物。这时，会有一大批的人涌入房地产的区域，使房产市场供不应求，房产的价格也是一升再升。对持有房地产的投资者来说，这时卖出自己的房产，可以获得丰厚的利润。

个人炒金的独家秘笈

炒黄金尤其是个人炒金，不仅有着与其他投资不一样的技巧，还要讲究一定的诀窍，在这里我们且把这些诀窍称为炒金的独家秘笈吧。

善用理财预算，切记勿用生活必需资金为资本

想成为成功的黄金投资——保证金交易者，首先要切记勿用你的生活资金做为交易的资本，资金压力过大会误导你的投资策略，徒增交易风险，而导致更大的错误。而每次投资最好是你闲散资金的三分之一，等做成功了可以逐步加入。而当你的赢利超过你的本金有余时，最好把本金抽回，利用赢余的资金去做。

运用模拟账户，学习保证金交易

初学者要耐心学习，循序渐进，勿急于开立真实交易账户。不要与其他人比较，因为每个人所需的学习时间不同，获得的心得亦不同。在模拟交易的学习过程中，你的主要目标是发展出个人的操作策略与型态，当你的获利机率日益提高，每月获利额逐渐提升，表示你可开立真实交易账户进行保证金交易了。

保证金交易不能只靠运气

保证金交易不同于黄金可以在下跌过程中逐步建仓（指在上升的大行情中），当你频频获利时，千万不要大意，一定制定好每次操作的交易计划，做好技术分析把握进出点，如果你在一笔交易中亏损5000元，在另一笔交易中获利6000，虽然你的账户总额是增加的状况，但千万不要自以为是，这可能只是你运气好或是你冒险地以最大交易口数的交易量取胜，你应谨慎操作，适时调整操作策略。

交易不宜过度频繁

一般情况下，不要在上下2~3元的范围内进行交易，除非你已经是一个短线高手，最好在一个支撑位上扎或者一个阻力位上仓，范围最少要5元以上；也不要在亏损后急于翻本，应该冷静下来，仔细分析，然后再战。面对亏损的情形，切记勿急于开立反向的新仓位欲图翻身，这往往只会使情况变得更糟。只有在你认为原来的预测及决定完全错误的情况之下，可以尽快了结亏损的仓位再开一个反向的新仓位。切记不要情绪化，宁可错过机会，决不冒险做错！

勿逆势操作

在一个上升浪中只可以做多，同样在一个下降浪中只可以做空，甚至只要行情没有出现大的反转，切记勿逆势操作！不以一次几元的回调而感到惋惜，只须在回调的支撑位上伏击便可。市场不会因人的意志为转移，市场只会是按市场的规律延伸。

严格止损，减低风险

当你做交易的同时应确立可容忍的亏损范围，善用止损交易，才不致于出现巨额亏损，亏损范围依账户资金情形，最好设定在账户总额3%~10%，当亏损金额已达你的容忍限度,不要找寻借口试图孤注一掷去等待行情回转,应立即平仓,即使5分钟后行情真的回转,不要惋惜,因为你已除去行情继续转坏,损失无限扩大的风险。你必须拟定交易策略,切记是你去控制交易,而不是让交易控制了你,自己伤害自己。

应以账户金额衡量交易量,勿过度交易。交易范围须控制在一定范围内,除非你能确定目前的走势对你有利,可以交易50%,否则每次交易不要超过总投入的30%;依据这个规则,可有效地控制风险,一次交易过多的手数是不明智的做法,很容易产生失控性的亏损。永远把保证资金安全放在第一位!

学会彻底执行交易策略,勿找借口推翻原有的决定

交易最致命性而且会摧毁每件事的错误是,当你(在损失已扩大至所做资金的30%)损失了,开始找借口不要认赔平仓,想着行情可能一下子就会回转。在你持续有这个念头时,就不会有心去结束这个损失继续扩大的仓位,而只会失去理智地等待着行情回转。市场变化莫测,不会因为任何人的痴心等待而回转行情。当损失超过50%或更多时,最终交易人将会被迫平仓,甚至3倍以至于暴仓,交易人不仅损失了金钱也损失了魄力,他们会让自己失去信心及决定,这个错误产生的原因很简单——"贪"。损失20%不会让你失去补回损失的机会,而且有可能下次的交易能获利更多,但是在一两笔交易中损失一个仓位,你彻底毁了赚更多钱的机会,这笔损失难以补平。为了避免这个致命性错误的产生,必须记住一个简单的规则——不要让风险超过原已设定的可容忍范围,一旦损失已至原设定的限度,不要犹豫,立即平仓!

交易资金要充足

账户金额越少,交易风险越大,因此要避免让交易账户仅有做一手的金额,做一手的账户金额是不容许犯下一个错误,但是,即使经验丰富的保证金交易人也有判断错误的时候。

错误难免,要记取教训,切勿重蹈覆辙

错误及损失的产生在所难免,不要责备你自己,重要的是从中吸取教训,避免再犯同样的错误,你越快学会接受损失,吸取教训,获利的日子越快来临。另外,要学会控制情绪,不要因赚了100元而雀跃不已,也不用因损失了100元而想撞墙。交易中,个人情绪越少,你越能看清市场的情况并做出正确的决定。要以冷静的心态面对得失,要了解交易人不是从获利中学习,而是从损失中成

长,当了解每一次损失的原因时,即表示你又向获利之途迈进一步,因为你已找到正确的方向。

你是自己最大的敌人

交易人最大的敌人是自己——贪婪、急躁、失控的情绪、没有防备心、过度自我等等,很容易让你忽略市场走势而导致错误的交易决定。不要单纯为了很久没有进场交易或是无聊而进行交易,这里没有一定的标准规定必须于某一期间内交易多少量,即使你在2~3天内仅开立一个仓位,但是这笔交易获利了1000到3000元表示你的决策是正确的,并无任何不妥。

记录决定交易的因素

每日详细记录决定交易的因素,当时是否有什么事件消息或是技术指标让你做了交易决定,做了交易后再加以分析并记录盈亏结果。如果是个获利的交易结果,表示你的分析正确,当相似或同样的因素再次出现时,你的所做的交易记录将有助于你迅速做出正确的交易决定;当然亏损的交易记录可让你避免再次犯同样的错误。你无法将所有交易经验全部记在脑海中,所以这个记录有助于提升你的交易技巧及找出错误何在。

参考他人经验与意见

交易决定应以你自己对市场的分析和技术图形及感觉为基础,再参考他人意见。如果你的分析结果与他人相同,那很好;如果不同,那也不用太紧张。然而,如果分析结果真的相差太悬殊,而你开始怀疑自己的分析,此时最好不要进行真实交易,仅以模拟账户来进行。如果你对自己的决定很有信心,不要犹豫,做了就是,你的多项预测将会有对的一个,如果你的预测错误,要找出错误所在。

止赢和止损同样重要

要记住市场古老通则:亏损部位要尽快终止,获利部位能持有多久就放多久。另一重要守则是不要让亏损发生在原已获利的部位上,面对市场突如其来的反转走势,与其平仓于没有获利的情形也不要让原已获利的仓位变成亏损的情形。具体做法是随着价格的上扬(或下降)逐步提高(或降低)你的止损(赢)位置,不要一厢情愿地认为会无限的涨下去,坚决不要把已经获利的单子做成亏损。

切勿有急于翻身的交易心态

面对亏损的情形,切记勿急于开立反向的新仓位欲图翻身,这往往只会使情况变得更糟。只有在你认为原来的预测及决定完全错误的情况之下,可以尽快了结亏损的仓位再开一个反向的新仓位。不要跟市场变化玩猜一猜的游戏,错失交易机会,总比产生亏损来得好。

循序渐进,以谨慎的态度学习保证金交易

缺乏谨慎的心态与操作技巧,用赌博式的高风险式的交易手法,只会给你带来损失。

以真实交易的心态进行模拟交易

要以真实交易的心态去模仿操作时,你越快进入状况,就越快可以发展出可应用于真实交易的适当技巧。

必须将模拟交易当成真实交易来进行,是因为你所发展出的合适技巧为你的交易的成功所在。

操作尽量避开价格变动频繁难以预测的时段

初学者进行交易应避开价格上下变动频繁时段,如纽约刚开盘的时候,此时价格较无脉胳可循,难以预测;应该等到上下浮动完成有了方向的时候再进入,除非你有十分把握,如果交易初期你在这种时段进行交易,只会影响你的交易信心。

耐心学习,勤能补拙

学习保证金操作有多种途径可循,你可以每天看看相关评论,了解有关黄金的各种信息,认真分析黄金的走势图,每天坚持学习,勤能补拙。打下扎实的基础,将助你迈向成功之途!

收入不变巧妙节税

根据国家税务总局颁布的《个人所得税自行纳税申报办法(试行)》,规定年收入在12万元以上的纳税人,必须在纳税年度终了后三个月内申报其与纳税相关的个人基础信息。这里指的"年收入"包括个人所得税法规定的11个应税所得项目,即工资、薪金所得、个体工商户的生产经营所得、对企事业单位的承包经营、承租经营所得、劳务报酬所得、稿酬所得、特许权使用费所得、利息、股息、红利所得、财产租赁所得、财产转让所得、偶然所得、经国务院财政部门确定征税的其他所得。因此,无论是应纳税所得还是免税所得,只要总所得超过12万,都应该将所有11项所得依法申报。

实行申报机制之后,以下几点可作为纳税人未来合理的避税考虑:

公积金避税

根据我国个人所得税征收的相关规定:每月所缴纳的住房公积金是从税前扣除的,也就是说住房公积金是不用纳税的。而公积金管理办法表明:职工是可以缴纳补充公积金的。也就是说,职工可以通过增加自己的住房公积金来降低工资总额,从而减少应当缴纳的个人所得税。

财政部、国家税务总局将单位和个人住房公积金免税比例确定为12%,即职工每月实际缴存的住房公积金,只要在其上一年度月平均工资12%的幅度内。就可以在个人应纳税所得额中扣除。

利用公积金避税不是一件新鲜事,只是公积金不容易自由支取,采取公积金避税的人需要注意这一点。

均衡地取得工资薪金所得

个人所得税通常采用超额累进税率,这时,纳税人的应税所得越多,其适用的最高边际税率可能也就越高,所以,纳税人在一定时期内收入总额既定的情况下,其分摊到各个纳税期内的收入应尽量均衡,最好不要大起大落,如实施季度奖、半年奖、过节费等薪金,会增加纳税人纳税负担。

充分利用税法中费用扣除的规定

充分利用税法中费用扣除的规定,可以减少应纳税所得额,减少纳税义务。例如,某居民个人出租住房的房屋修缮费可以作为房租收入的扣除项目,每月以每次800元为限扣除,一次扣除不完的,准予在下一次继续扣除,直到扣完为止。

企业提供住所

员工可在受聘时与企业协议,由企业支付寓所租金,而薪金则适当调低。对企业而言,薪支负担不变,但员工可因此而减低纳税负担。

企业提供员工福利及设施

由企业提供的员工福利,除非能转化为现金值,否则不会被视为课税入息。根据税务条例,只有上述的房屋津贴、旅游津贴、股票认购权及一些可变为现金的福利如礼券才能豁免征税。

因此企业可尽量提供服务给员工,即提高员工福利设施,而不大幅加薪使员工多缴税款。一般免税的福利为:由企业提供免费膳食,但必须不是可转售的餐券;由企业提供车辆给员工使用,但不可再租予他人使用;由企业安排提供免费医疗福利;使用企业提供的家具和住宅设备;使用企业所聘用的佣工;使用企业提供给员工的公用福利设施,如水、电、煤气、电话等;企业可为员工子女成立教育基金,提供奖学金给员工的子女。

转售股票认购权

根据税务条例。任何人在职位上或受雇中获得公司股票认购权。并在行使、买卖或转让该权利时获取利益,是需要缴税的。该利润是以在行使该权利时的股票市值减去认购权的成本及行使时的认购价计算.或在以转让时所得的报酬减去认购权的成本计算。

员工可在行使该权利前,以低价将该权利转让给亲友,然后由该人行使该权利以助减低税额。

黄金投资的技巧

随着经济的不断发展,普通中国人的金钱也越来越多,而随着手中金钱的不断增加,如何处置这些金钱就成了普通中国人不得不思考的一个问题。因此,投资理财也就越来越成为普通中国人日常生活中所必不可少的事务了。

而随着金融市场的不断发展与深化,普通人投资理财的渠道与领域也越来越多样与宽广。黄金投资就是近年来,特别是2007年下半年以来席卷全球的金融经济危机以来,引起普通中国投资者关注与兴趣的一个新领域。随着黄金价格的新高迭创,那些前期勇敢试水黄金投资的投资者已经有不少从中幸运地挖到了第一桶金,而这又激起了其他的投资者跃跃欲试的愿望。

然而,当很多投资者真正开始进入黄金投资这个投资新领域之后才发现,黄金投资与中国人目前已经相当熟悉的国债、企业债券和股票几乎完全不同的一个领域,令他们一头雾水,不知所措,迫切需要补充有关黄金投资的基本知识。那么,黄金投资真的很难吗?理财专家为你提供了黄金投资的三大技巧。

组合投资

黄金价格通常与多数投资品种呈反向运行。在资产组合中加入适当比例的黄金,可以最大限度地分散风险,有效抵御资产大幅缩水,甚至可令资产增值。

理财师推荐的资产组合为:现金+债券+权益类资产+黄金。在该组合中,黄金的比例占10%至20%,可以根据自身的资产状况适当地增减。当金融系统的风险(如坏账、房地产泡沫、通货膨胀)增加时,应该调整黄金的投资比例;当局部战争的气氛渐浓时,也应提高黄金的投资比例。

考虑汇率

在本国货币升值时,人们可以在外国购买到较为便宜的黄金货品,因为黄金在国内价格不动或者下跌,并不表示黄金本身的价值就会相应地下跌,而有可能是本地货币与外国货币汇率变化的结果。因此,投资黄金需具备一定的外汇知识,否则不要大量地投资黄金。

分批买入

从策略上讲,应该沿着大牛市的上升趋势操作,即朝着一个方向操作,坚持在回调中买入。由于最低点可遇而不可求,所以要分批买入,待涨抛出,再等待下一个买入机会。

帮孩子进行理财规划

在孩子成人之前,作为母亲,你肩负着帮助孩子的重任。作为流通工具,金钱充斥在我们社会的每个角落,孩子自有意识时起,就在这样的氛围中成长。鉴于金钱的特殊性,让孩子从小学起,拥有正确的金钱观,才能让他们健康成长。现在,许多孩子在很小的时候就认识到金钱是个非常神奇的物品,如果我们能多给予孩子一些正面的金钱教育,从小就帮孩子规划好"钱"程,就能帮助孩子处理好金钱这一敏感问题,同时让孩子逐渐成长为一个出色的理财者。尽早帮助孩子规划好他自己的"钱"程,帮助他规划他的人生一样。"钱"程需要设计,理财改变生活!虽然只是一句普通的语言,但细细品味之后,却有着极为深刻的内涵。

那么，帮助孩子进行理财规划是不是一件难事呢？究竟该怎样做呢？事实上，帮孩子规划他的"钱"程并不难，你只要掌握好以下几个原则就可以做到：

让孩子真正拥有属于自己的钱

你一定经常给孩子零用钱，而且过年的时候，孩子也会收到很多压岁钱。可是，当孩子的钱积累到一定程度，妈妈通常就会将孩子好不容易存下的零用钱或压岁钱以"妈妈替你存下来"为借口，全数收回去，并认为这样做是怕孩子乱花。

实际上，这样做不仅不会预防孩子乱花钱，反而会促使孩子一拿到钱就赶快花掉。因为他们大都会认为，存下来的钱只会被大人"没收"，还不如自己花掉舒服呢！

其实，你完全可以为孩子建立一个"小银行"，让他们拥有一张储蓄卡。你可以耐心地诱导孩子把他口袋里的钱存进去，并告诉他要坚持下去，要为他的储蓄卡负责任，在没有必要花费时不要随便动用卡里的钱。这样长期坚持下去，储蓄意识将扎根在孩子脑中，孩子也会逐渐养成储蓄的习惯，为以后学会"投资"打下思想基础。

将支配权交给孩子

多数妈妈虽然让孩子拥有存款，但往往不给他们支配权。孩子想要用自己的钱买什么时，如果大人认为不必要，就极力阻止，不让孩子达到目的。其实这样并不好。与其给孩子留下这样难以沟通和难以满足心愿的经历，倒不如给出意见，由孩子自己斟酌。

章女士的儿子15岁了，已经有了一辆变速山地车，可是最近他又想换一辆新的，章女士不太赞同，但也没有阻止。她只是给儿子分析说，原来的山地车只用了半年，还是比较实用的，而新的山地车除了外形比较新颖之外，并没有其他特殊的功能，但价格却要比原来的高出许多，可能会花掉他所有的存款，这样以后他想再买什么必需品可能就没有钱了。章女士只提供意见，让儿子自己考虑，并将决定权交给儿子自己。儿子权衡再三，最后听从了妈妈的建议，没有买那辆新的山地车。

事实上，孩子的未来毕竟还是要由他们自己决定，即使现在孩子做出了错误的决定，损失的也许只是几十元，最多上千元，但是却能换取一个教训，这还是很值得的。

让孩子合理使用自己的积蓄

作为家长,你可以和孩子协商,除了供给孩子最基本的生活必须费用,如学费、教材费用等,由父母支付,有些消费还是应该让孩子用自己的积蓄去支配的。比如孩子想买篮球、电脑或去动物园等,你可以指导孩子用他全部或一部分储蓄购买。这样,就使他逐渐认识到储蓄的意义,体会到用自己的存款来买自己想要的东西的愉快和兴奋,也培养了孩子学会有计划地管理金钱的能力。而且,孩子也逐渐学会了如何花钱,这样才能让孩子更懂得珍惜金钱。人的本性都是一样的,自己的东西自己珍惜,钱也一样,一旦花费的是自己的钱就会格外珍惜。

帮孩子树立购物预算意识

在给孩子一些零花钱时,也要让孩子自己记一笔账,比如每个月他收入了多少零花钱,都买了什么,这些东西价格都是多少。如果孩子记账清楚,你还可以适当给予鼓励,如果孩子不记账或滥用"奖金"购物,你要及时给予警告,必要时甚至可以采用减少零花钱的方式。

鼓励孩子买东西时"货比三家"

孩子不能自己赚钱,所以也不知道赚钱的艰辛。在买东西时,很少会考虑价钱,只考虑自己的需要。为此,你要让孩子知道,如果他想得到他想要的东西,必须多走几家商店对价格进行比较,选择同质却价廉的物品购买,而不能仅图潇洒、方便,不问价格就购买。这样做是为了培养孩子的消费价值观。慢慢地,孩子就会逐渐养成节约购物的意识。

用你的理财观念和消费行为影响孩子

很多时候,我们不必清楚地说出自己花钱的决定、次序、信念及习惯等,理财观念等潜移默化地就会传授给孩子,所以家长从不让孩子碰钱的做法并不可取,不利于培养孩子正确的理财观。孩子长大后接触到钱时会不知所措,不知应该怎么储蓄,怎样消费,更不知道如何才能买到便宜的东西,不知道怎样做才能使自己的个人财务保持支出合理。这样的孩子,你怎么能指望他具有出色的理财能力呢?

实际上,只要给予孩子正确的理财观,引导他们采取合理的理财方式,不要以自己的观点干涉孩子的理财,那么孩子从小就会养成受用一生的理财观。

第六章

你最想要的美容秘籍

——从此告别美容院

打造时尚美甲的省钱法

不到美甲沙龙抛光指甲,在家一样可以做得来:将双手泡在柠檬水里,为指甲除去污渍。然后用指甲锉修整甲尖,效果同样不错。

延长指甲油的寿命:在家无论做什么家务,都要记得带上手套。

重要的一层外衣:做完美甲后回到家里,一定要再涂上一层透明的甲油,这样才可以强化甲油的色彩,让色彩更持久。

保持修甲后的亮丽效果:隔天为指甲穿上一层薄薄的护甲油,也就是在指甲上涂抹杏仁油或掺了几滴维他命E油的凡士林。

稀释甲油:如果瓶子里的指甲油变干了,可以兑一点洗甲水进去稀释,但千万不要兑多了。

DIY美甲:美甲其实很简单,不过正所谓"巧妇难为无米之炊"。美甲也离不开一些基本工具,如洗甲水、斜口指甲钳、磨甲棒、死皮剪、死皮推、软化剂、营养油、指甲油修正笔等。

具体步骤如下:

步骤一:彻底清洁手部。洗手、消毒后,用蘸了洗甲水的棉签擦拭指甲表面,以去除残余甲油;然后用推皮刀由左至右慢慢地推去死皮,并用斜口剪修饰指甲弧位的死皮。其次是修整打磨,常见的形状有方形、椭圆形,修整打磨指甲的工具为60~1200号打磨砂条,型号越高,砂条越柔软。指甲形状越方,越具有耐久性;而尖状指甲极易断裂。

　　步骤二:修整指甲。从左手小指开始,千万不要在指甲表面来回打磨或过多打磨指甲两边,那样也很容易造成断裂。打磨结束后还要用砂条轻磨指甲的前缘,使粗糙处变平滑。

　　步骤三:指甲抛光。使用抛光块并配合使用抛光油,可使指甲具有水晶般的亮泽,对于不喜欢用指甲油的女性,这一步显得更加重要。

　　步骤四:涂指甲油。指甲油颜色多姿多彩,你可以根据自己的爱好挑选颜色。上指甲油时最好别让毛刷沾附过多的指甲油,应在瓶口轻轻拭过,并将毛刷调整平顺,先从指甲根部中间向前涂一笔,然后沿着指甲的两侧各涂一笔,使指甲显得均匀、光滑。如不喜欢单调的指甲油颜色,你还可以根据自己的喜爱,在指甲上再动手脚。如贴上太阳、月亮、星星等小贴纸,也可以镶小钻、吊饰。

　　因此,你只要拥有一些基本工具,掌握美甲的基本要领,你就可以天马行空地打造心仪的指甲。脚趾甲也可用同样的方法打造,但脚趾甲比较厚,更难处理,最好先用温水泡脚,等变柔软了再开始修剪。

有效又省钱的去黑头方法

　　想把脸部的黑头清除又不想让毛孔变大,就需要事前先蒸一蒸面,令毛孔自然张开,除了有助于排出毒素外,也有助于清洁。清除完黑头后,最好用冰冻的蒸馏水或爽肤水敷于鼻子和T字部位,这样做除了能镇静皮肤外,还可以起到收缩毛孔的作用。

　　下面就介绍几款省钱有效的去黑头方法:

食盐+牛奶

　　每次使用4~5滴牛奶。兑入少许盐,在盐半溶解状态下涂到鼻子上开始按摩;由于此时盐未完全溶解仍有颗粒,在按摩时必须非常轻柔;半分钟后用清水洗去。为了让皮肤重新分泌干净的油脂保护,洗完后不要擦任何护肤品。

盐

　　洗脸后趁皮肤没有干透,取细盐适量涂在鼻子上,打圈按摩,盐会慢慢溶化,继续按摩,10分钟后用清水将脸洗干净。敏感肤质者建议不要采用此法。

蛋清

准备好清洁的化妆棉,将化妆棉撕成较薄的薄片,越薄效果越好;打一个鸡蛋,将蛋白与蛋黄分离;将撕薄后的化妆棉浸入蛋白中,稍微沥干后贴在鼻头上;静待10~15分钟,待化妆棉干透后小心撕下。

婴儿油

清洁面部之后,取少量的婴儿油按摩鼻子上的黑头,建议一边看电视一边按摩。按摩的时候注意力度,一定要轻柔。按摩大概半个小时后,会感觉到手指上有一些小颗粒,用纸巾擦掉,接着按摩,不要超过一个小时。建议下次减少按摩时间,不超过20分钟,坚持一段时间后,你会发现自己的毛孔变干净了!脸上长有青春痘的人一定要小心,因为不当的按摩会刺激青春痘,因此按摩时应避开长青春痘的地方。

珍珠粉

在药店选购质量上乘的内服珍珠粉,取适量放入小碟中,加入适量清水,将珍珠粉调成膏状;将调好的珍珠粉均匀地涂在脸上,用脸部按摩的手法在脸上按摩,直到珍珠粉变干,用清水将脸洗净即可。每周使用2次,此法能很好地去除老化的角质和黑头。

黑头导出液+吸黑头面膜

用黑头导出液打湿化妆棉。贴在鼻子上3~5分钟后取下;用棉花棒把吸黑头面膜涂在鼻子上,15分钟后撕掉面膜。可以看见面膜上沾了很多黑头和白头。

染发省钱的小窍门

你有尝试过自己在家染发吗?其实,DIY染发的好处就在于:价格便宜,它的染发成本差不多只有发廊的1/10;而且还节省时间,不用事先预约,不用整装出门,不用叫车受堵;环境轻松,就是在上色等待的空隙,也可以看看电视上上网,与家人共享天伦之乐;换色补色方便,效果不好随时改。而且,只要你在染发的过程中注意到一些细节,也会做得非常好。

下面就介绍一下具体染发的步骤:

挑选颜色

染发的原理,就是打开保护头发的毛鳞片,脱掉头发原来的颜色,再添加进染发剂的颜色。所以,在挑选染发剂的颜色时,目标色最多只能比自己原来的发色浅3度,否则会对头发造成比较大的伤害。如果想要追求更浅的颜色,最好分成几次染,每次染发的间隔在一个半月以上。

如果你属干性发质,且发尾分叉较多,应避免选择颜色比本来发色浅的染发剂,因为浅色染发品会使头发脱落,发丝更易脆断。比原本发色深的色彩可增加头发的颜色,有助于掩盖发质的损伤。如果你不喜欢所有的色彩,而偏偏想把两种色彩调和起来使用,最好还是找专业染发师帮忙。因为你无法预见这两种染色剂调和后会出现什么样的效果,有可能会让你根本出不了门!

准备工作

染发前一定不要洗发,也不可在头发上留有定型胶、亮发水之类的东西。为了取得更好的效果,染发前一天应洗发,并做温和的染前护理(不要做蒸、烘之类的保养),使头皮呈微酸性,加强头发毛鳞片的紧缩力。

自己染发最重要的就是有条不紊,因为显色剂和染发剂一经混合,就会立即发生氯化反应并开始作用,如果混合之后或染了一半时发现不妥,再脱手套,忙这忙那,染发膜内的高效染发成分就会分解挥发,不能保证染发效果,所以染发前的准备工作要尽量充分。

在地上铺好废报纸,以免染剂滴染了地面;准备一盒纸巾,必要时可以擦手:把钟或手表放在一眼就能看清时间的地方……如果在染发过程中有可能接电话或手机,可以事先在听筒上包上保鲜膜。

就染发均匀程度来说,最重要的是把头发分成5组:以骨梁区(两耳连线)为界,将头发分成上下2组;在骨梁区以上部分,再由左至右将头发平分成4组。分别用夹子固定。

染色顺序

DIY染发,往往是头顶和刘海处的颜色最浅,也最容易引起发丝变枯、变脆。这是人们通常从刘海开始往后染,染发剂在头发前部停留时间长的缘故。因为混合的染发剂很容易在空气和温度的影响下发生作用,而人的头顶温度最高,所以应留在最后上色。具体的染色顺序是:

步骤一:骨梁区以下部分,由上往下染——这部分的头皮体温较低,上色较慢,所以可先上色。

步骤二：骨梁区以上部分，先染左右两侧的2组，再染中间的2组，由前往后染，把头顶部位留在最后。

步骤三：全部上色后开始计时，一般为20~30分钟——细软发质宜停留时间短一些，粗硬发质宜停留时间长一些，但最初5分钟要充分按摩头发——用指腹轻轻按摩，一定不要用指尖抓头皮，这样做可以让染剂更均匀地"包裹"住全部头发。

步骤四：时间到了就该洗去染发剂，不要停留更多时间，否则容易伤到头发。清洗前将少量温水均匀地淋在头上，轻轻按摩头皮2~3分钟，让头皮上残留的染色剂乳化，更容易洗净。

步骤五：最后用配套的染后护发乳护理头发。

染发时，要防止颜料染到皮肤，可在发线部分涂上凡士林。如不小心粘到染料，可用浸过牛奶的棉花球抹干净。

及时补色

染发固然漂亮，但过一两个月以后，新生的头发与染发渐渐界限分明，很影响美观。因此，这个时候补染就显得尤其重要。去超市买瓶与当初染发相同的染发剂，自助补染，轻松搞定，步骤如下：

步骤一：梳松头发，在发际边缘抹上一层面霜，以免染发剂损伤皮肤；

步骤二：戴上手套，围上一条披巾或毛巾，以免染发剂沾染衣物；

步骤三：根据说明书调制染发剂；

步骤四：将头发分成几部分，把染发剂涂抹在新生的发根处，揉搓均匀；

步骤五：发根处全部涂完后，用手指按摩头皮，使染发剂渗透均匀后，等待20分钟；

步骤六：将剩余的染发剂均匀涂抹在所有发丝上，用少许温水淋头发。轻柔按摩进行乳化，然后用温水冲洗干净；

步骤七：最后用专用护发素进行染后护理。

染后护理

染后一个月内，应尽量自己洗头，不要用过热的温水，也不要让香波泡泡在头发上停留太久——它是掉色的头号杀手。

使用有护色作用的护发素、免蒸焗油，可让秀发更添光泽和弹性。

经济适用的茶叶美容法

日常中的茶叶可以用于化妆品,使茶叶中的美容成分直接被皮肤吸收。茶叶美容品一般包括茶叶洗面奶、茶叶化妆水、茶叶面膜、茶叶增白霜、茶叶防晒露、茶叶洗发剂等,它们都是利用了茶叶的美容效果,具有使用安全、刺激性小等优点。使用方法简易,经济适用,长期坚持能够达到良好的效果。

而茶叶美容的花费,相比化妆品而言非常低廉,只要几块钱就能起到好效果。如茶叶水美肤+减肥,既天然又便宜。

茶汤洗脸法 晚上洗脸后,泡一杯茶,把茶汤涂到脸上,轻轻拍脸,或者将蘸了茶汤的棉布附在脸上,再用清水洗。脸上的茶色经过一夜能够自然消除。用茶汤洗脸能够去除色斑、美白皮肤。

黑眼圈妙除省银两

生活中大多数人都不知道黑眼圈是怎样造成的。通常鼻子过敏的人,都会有黑眼圈;睡眠质量不好、失眠,或常常熬夜的人,也容易有黑眼圈。黑眼圈最好解决方法是睡美容觉(但对鼻子过敏的人效果有限),美容觉的黄金时间是晚上十一点到凌晨三点,这样睡一个礼拜,熊猫眼就会神奇地自动消失,包括眼袋也是一样的!你如果无法睡美容觉,还可以敷眼膜、搽眼霜,它们也能改善你的黑眼圈。但是这种外在的保养,只能暂时减轻症状,所以,还是睡美容觉吧!当个睡美人比较便宜又治本。

一般来说,皮肤在晚上10点到次日凌晨2点进入夜间保养状态。如果长时间熬夜,会破坏人体内分泌系统和神经系统,就会出现皮肤干燥、弹性差、缺乏光泽、暗疮、粉刺、黄褐斑、黑斑等问题。

下面就介绍几款饮品,可以有效地去除烦人的黑眼圈。

1.两个猕猴桃、四个橙子、一个柠檬所组成的新鲜果汁中含有丰富的维生素C,可补充体能而且美容。

2.将适量的苹果、胡萝卜、菠菜和芹菜切成小块(段),加入牛奶、蜂蜜、少许冰块,用榨汁机打碎,制成营养丰富的果蔬汁,进行饮用。

3.将香蕉、木瓜和优质酸奶放在一起打碎,营养丰富且能补充身体所需的很多能量。

4.一根新鲜黄瓜、1/2升豆浆、三片薄荷,一同打碎搅拌后制成清凉的黄瓜汁,消暑又解乏。

5.三个柚子剥皮后榨汁,一串葡萄打碎成葡萄汁,再加上两匙蜂蜜,酸酸甜甜别有滋味。

还有就是晚餐时应多吃清淡的蔬菜、水果、鱼等,或补充一些葡萄提取物产品,或含有甲壳素的保健品以利于皮肤恢复弹性和光泽,同时可消除黑眼圈,使皮肤白皙红润。忌食辛辣食物和酒精类饮料,不要抽烟。外用含胶原蛋白、甲壳素成分的护肤用品。

轻松解决粗毛孔有绝招

通常来讲,油性和混合性肌肤的人油脂分泌比较旺盛,是造成肌肤毛孔粗大的主要原因。如若处理不当,不仅会计毛孔变得越来越大,更会令粉刺、青春痘频生,很是难看。

对于毛孔粗大的朋友来说,这是一个很让人烦恼的事情,这类油脂分泌旺盛的人一般洗脸时要特别加强在鼻子、前额和下巴处的按摩,将附在脸部及较粗大毛孔上的污垢彻底清洁干净,带走多余的油脂,让肌肤恢复正常的呼吸。

毛巾冷敷
把干净的专用小毛巾放在冰箱里,洗完脸后,把冰毛巾轻敷在脸上几秒钟。

冰敷
把冰过的收敛化妆水用化妆棉沾湿,敷在脸上或毛孔粗大的地方,可以起到不错的收敛毛孔的效果。

柠檬汁洗脸
油性肌肤的人可以在洗脸时,在清水中滴入几滴柠檬汁,除了可收敛毛孔外,也能减少粉刺和面疱的产生。但注意浓度不可太高,且不可将柠檬汁直接涂抹在脸上。

鸡蛋橄榄油紧肤

将一个鸡蛋打散,加入半个柠檬的汁及一点点粗盐,搅拌均匀后,将橄榄油加入鸡蛋汁里,使二者混合均匀。平日可将此面膜储存在冰箱里,一周做1~2次就可以让肌肤紧实,改善毛孔粗大现象,使皮肤光滑细致。

水果敷

西瓜皮、柠檬皮等都可以用来敷脸,它们有很好的收敛柔软毛孔、抑制油脂分泌及美白等功效。

栗皮面膜紧肤

取栗子的内果皮,捣成末状,与蜂蜜均匀搅拌,涂于面部,能使脸部光洁、富有弹性。

简单方法祛除粉刺

祛除粉刺,重点是以养为主,方法简单,花费很小,也免去了用各种化妆品做掩饰的麻烦;然后稍微服用一些药物,保证你省钱祛除粉刺,很值得尝试。具体做法如下:

注意皮肤的清洁卫生

可用香皂、洗面奶洗脸,然后用温水洗净,避免污垢和皮脂堵塞毛囊口,不要用油脂性化妆品。

不要用手挤压

因为"粉刺"发生部位易发生炎症,血液循环受阻,抵抗力降低。如果用手去挤压,造成破口,很容易被细菌感染。感染后,"粉刺"就要变成小脓疱,小脓疱好后会留下永久性色素沉积或疤痕,影响美观。

在饮食方面,要注意多吃清淡食物

如新鲜蔬菜、水果等,使胃肠道通畅,防治便秘;少吃油腻食物,减少油脂分泌量;少吃或不吃干燥和带刺激性的食物,如煎、炒、油炸、辣等食物;最好不吸烟,不喝酒,这就可使粉刺大大减少,甚至不出现症状。

粉刺严重者,可用药物治疗

西药可以用维生素B$_6$(每天3次,每次2片),以减少油脂的分泌。

口服维生素AD丸(每天3次,每次2粒),可防止毛囊壁发生角化;如果粉刺已经化脓感染,宜口服螺旋霉素(每天4次,每次2片,1周后减为每天1次)。也可用中药内服,用枇杷叶10克,桑白皮10克,黄芩10克,野菊花12克,赤芍9克,白茅根12克。每天1剂,水煎服;如丘疹色红,或有结节、脓疱,也可服牛黄解毒丸,每天2~3次;局部如丘疹明显,可用大黄、硫黄各等份,研成细粉,以水或醋调涂局部,每天2~3次;如有结节、脓疱或脓肿,还可外敷金黄膏,每天1~3次。

介绍几种简单食材治痘秘方,方法简单,原料易得,在家庭中制作也很适合。

苦瓜羹

材料:苦瓜1根。

做法:将苦瓜洗干净,切成小块;将苦瓜放入锅中,加入适量清水煮,煮成糊状即可。

黄瓜祛痘

材料:鲜黄瓜汁、白醋各适量。

做法:鲜黄瓜汁、白醋等量调匀。用温水洗脸后,将调好的汁涂抹在脸部,待过10分钟用温水洗去,连用半月可愈。

消灭恼人的青春痘

青春痘是由于毛囊以及皮脂腺阻塞、发炎所引发的一种皮肤病。青春期时,体内的荷尔蒙会刺激毛发生长,促进皮脂腺分泌更多油脂,毛发和皮脂腺因此堆积许多物质,使油脂和细菌附着,引发皮肤红肿的反应。由于这种症状常见于青年男女,所以才称它为"青春痘"。其实,青少年不一定都会长青春痘,而青春痘也不一定只长在青少年的身上。

它的病因明确,是由厌氧性痤疮丙酸杆菌感染引起,但它是多因素的疾病。中医认为:面鼻及胸背部属肺,本病常由肺经风热阻于肌肤所致;或因过食肥甘、油腻、辛辣食物,脾胃蕴热,湿热内生,熏蒸于面而成;或因青春之体,血气方刚,阳热上升,与风寒相搏,郁阻肌肤所致。此外,外涂化妆品刺激引起毛囊口堵塞是本病的重要诱因。

介绍两种简单去痘的好方法：

(1)洁面。每天在洗脸的时候，倒点珍珠粉和自己的洗面奶调匀，就按平时洗脸的方法按摩2~3分钟，最后用清水洗干净就可以了。

(2)用清水与珍珠粉调成糊状，均匀地涂抹面部，长痘痘的地方多涂点，15分钟后或睡觉之前，用清水洗干净即可(每天使用，视痘痘的严重情度而定)。

以上两种护理方法必须选用海水珍珠粉。患者可以每天洗面加层珍珠粉，洗完后，把珍珠粉直接用水涂在脸上，每天1次，到2~3天的时候就用酸奶敷，效果真的很好。

提示：注意患处皮肤清洁，养成良好的卫生习惯，忌吃辛辣食物，如生葱、大蒜、辣椒、咖啡、可可等刺激性食物，多食用粗纤维食物、蔬菜水果，多饮水，保持大小便通畅。女青年应注意生理周期的正常，及时解除痛经，在痤疮发作期，最好不使用化妆品，特别是油性以及粉状化妆品，以免加重皮肤的炎症反应，保持心情舒畅，不要挤痤疮。

祛疤省钱有妙招

任何人身体有了一处明显的疤后，都会感到很郁闷，尤其是对于追求完美型的女性来说，那就是必须要解决的事了。而市面上那些除疤的产品，价格都很高，有没有便宜的祛疤方法呢，那就看看下面的祛疤妙招吧。

按摩法

用手掌根部揉按疤痕，每天三次，每次5~10分钟。这个方法对于刚脱痂的伤口效果最佳，对于旧伤疤效果比较弱。

姜片摩擦法

生姜切片后轻轻擦揉疤痕，可以抑制肉芽组织继续生长。

薰衣草精油涂抹法

薰衣草的美容功效总是很神奇的，薰衣草精油淡化疤痕的作用也被广泛认同。不过薰衣草精油对于新疤和八年以上的旧疤效果不明显，对于疤龄1~2年的伤疤效果比较好。

多吃水果，养足颜面

脸对于女性来说是很重要的。这不仅是颜面的问题，还关系到今后的工作、社交，甚至是终身大事。正因为脸是如此重要，与我们的生活息息相关。所以现代女性需要学会保养护肤，化妆美容，自我修饰，使自己的脸看上去更美。

好皮肤，会让很多人羡慕和追求，可如何才能省钱美白呢？吃水果呀！多吃水果，一是补充必须的维生素；二来也是补充水分。可以多买些葡萄、橘子、柚子、苹果等类的水果，除了在家吃外，每天还要带一些到办公室吃。

纯天然的水果，能够让你的肌肤变得靓丽无比，而你所需要支付的费用却是那么一点点，可以说是超值的选择。

柠檬

柠檬是一种富含维生素的水果，维生素C能使皮肤变得光滑、细腻、白嫩。这足以说明柠檬对女性的美肤作用。柠檬中含有较多的柠檬酸，这种酸不仅能促进胃液分泌，帮助消化，而且能中和碱性，防止色素沉着，对皮肤具有漂白作用。将柠檬榨汁，用配好的汁液洗脸可使皮肤保持润滑柔美。用柠檬汁洗头，可促进头发的生长发育，因为柠檬酸能中和头发中的碱性成分，从而起到护发作用。柠檬皮中含有胶质成分，将柠檬连皮切开后泡在水中，用其淋浴，可使皮肤光润、滑嫩。

樱桃

红樱桃中含有大量的微量元素，尤其铁的含量居各种水果之首。所以，常食用红樱桃可提高血液中的血红蛋白含量，从而达到补血养颜的效果。

苹果

苹果是一种低热水果，其营养成分可溶性大，易被人体吸收利用，享有“活水”和“水果皇后”之美称，是很好的美容护肤品，经常食用既可减肥，又可使皮肤润滑细嫩。其中含有可溶解于人体内的硫，而硫对皮肤健美有特殊作用，可使皮肤细腻、滑润。苹果还含有铜、碘、锰、锌等微量元素，人体内缺少这些元素，会导致皮肤粗糙、奇痒、失去光泽。苹果中还含有单宁酸、有机酸及各种维生素，对皮肤健美也非常有益。

此外，苹果有减低血清胆固醇含量和减肥作用，因为苹果中含有果胶质，是一种可溶性纤维质，有助于降低胆固醇。研究发现，经常吃苹果的人，胆固醇含量比不经常吃苹果的人低20%左右。苹果中还含有较多的粗纤维,它们在胃中消化得较慢,可产生饱腹感,故有一定的减肥功效。

省钱的除皱美容品

牛奶

洗脸后,把牛奶涂在脸上,用按摩刷在脸上画小圆圈按摩,从下巴往上涂,让皮肤充分吸收,有促进面部的血液循环,改善皮肤营养,提高皮肤供氧率的作用,从而使皮肤恢复原有弹性,面色红润,皱纹减少。

米饭

将蒸熟的米饭趁热揉成团,放在面部揉搓,直揉至油腻变黑。米饭团可将皮肤毛孔内的油脂、污物吸出来。之后用清水洗净,这样可使皮肤呼吸畅通,减少皱纹。

西红柿

西红柿中维生素C含量,在蔬果类中排位第一,它能保持皮肤弹性,防止上皮细胞的萎缩角化。把西红柿切碎再榨成汁,加少许蜂蜜调匀,涂抹在面部,同样具有去皱效果。

蛋清

将少许蛋清、鲜奶、蜂蜜、面调和成糊状,均匀地涂于脸部,15分钟后再用清水洗掉,可起到滋润皮肤、紧肤去皱的功效。

橘子

橘子所含的维生素B,有收敛以及润滑肌肤的作用。将橘子带皮捣烂,浸入酒精内,加适量蜜糖,放入冰箱一周后取出食用,有润滑皮肤以及去皱纹的功效。

香蕉

将香蕉捣烂,加半汤匙橄榄油,将其搅拌调匀,均匀涂抹在脸部,有除皱的功效。

茶叶

含有400多种丰富的化学成分,是天然的健美饮料,除增进健康,还能保持皮肤光洁,延缓面部皱纹的出现,减少皱纹,还可防止多种皮肤病。但要注意不宜饮浓茶。

啤酒

酒精含量少,所含鞣酸、苦味酸有刺激食欲、帮助消化及清热的作用。啤酒中还含有大量的维生素B、糖和蛋白质。适量饮用可增强体质,减少面部皱纹。

口香糖

每天咀嚼口香糖5~20分钟,可使面部皱纹减少,面色红润。这是因为咀嚼能运动面部肌肉,改善面部血液循环,增强面部细胞的代谢功能。

最省钱的环保护肤法

擦——有利于清洁角质

取一张化妆棉,浸透化妆水或爽肤水,千万不要心疼用量哦。用化妆棉在脸上由下往上打圈按摩,轻轻擦拭,起到去除老、废角质作用。黑头、粉刺在擦拭作用下可能"露头",用小镊子将它们夹出。

拍——促使皮肤保湿软化

将化妆棉从中间撕成薄薄两片,将脏的那面翻到内面,再合成一张棉片。蘸取足量的化妆水,以鼻梁为中心,由内向外,依照鼻子→脸颊→额头→下巴→颈部的顺序,轻拍肌肤200下。

敷——模仿面膜

将吸满化妆水的棉片,滴上你所需要的精华,将它敷在你所需要特别关护的部位。尽量挤出棉片与肌肤夹层中的气泡,以使棉片足够贴合。5~10分钟后,再取下棉片。

简单省钱的沐浴法

下面就介绍几种保健皮肤的简单又省钱的沐浴方法,平时如果我们洗澡时加入营养肌肤的天然物质会产生意想不到的效果:

蜜水浴

蜂蜜中含有丰富的维生素C和多种营养物质,洗温水浴时,加入1匙蜂蜜,浴后肌肤光滑有弹性。

柠檬浴

柠檬中含维生素C和有机酸。先将两个柠檬切成薄片,放入浴缸,浴后全身清爽无比,皮肤也会很有光泽。

橘皮浴

沐浴时加入几块橘皮(橘皮晒干后装在纱布袋里)泡在浴缸中,可使皮肤光滑润泽。

橄榄油浴

沐浴后将橄榄油涂于全身,用热浴巾包裹身体10分钟,再用温水冲洗,此方法经常做会对肌肤很有好处。

盐浴

将水中加入少许的食盐,浴后对恢复体力有帮助,而且还具有减肥作用。

香醋浴

将水中滴入几滴的醋,可使皮肤洁白细腻,延缓衰老过程。

草药浴

将菊花、薰衣草等草药用文火熬1小时左右,滤去药渣,将药水倒入浴缸中。不要用香皂或沐浴液,此种沐浴方法可促进血液循环,治疗各种疾病,使皮肤光洁。

白酒浴

洗浴前,加100毫升白酒,可使皮肤光滑滋润,同时还能促进血液循环以及新陈代谢,使肌肤柔软而有弹性,同时对皮肤病和关节炎也有一定疗效。

经济实惠的柠檬美容法

柠檬属于柑橘类的水果,含有丰富的维生素C,它对延缓衰老、促进新陈代谢及增强机体的免疫力都十分有帮助。它独特的果酸成分更可软化角质层,令肌肤变得美白而富有光泽。

头皮屑积聚

头皮屑的形成原因有很多,如头发头皮干燥、不洁净、使用不适合的洗发护发产品等。都可以诱发头皮屑的产生,彻底清洁以及深层滋润是最基本的治疗方法。

解决方法:将1杯橄榄油中,加入1/4杯已加热的柠檬汁,涂抹于头皮上按摩,随后用热毛巾把头发包裹,待30分钟后以清水把头发冲洗干净,对去头皮屑有相当的疗效。

指甲泛黄

由于长时间涂抹品质差劣的指甲油,内含的极高铅分子及其他化学成分会令指甲变成微黄色。

解决方法:把柠檬汁搽在指甲上,轻轻按摩,待10分钟后用清水洗净,可令指甲回复原来的光彩色泽。

毛孔粗大

由于皮肤表面的角质层会阻碍毛孔的吸收能力,日积月累的油脂分泌则会令角质层变厚,使得毛孔变得粗大明显。

解决方法:洗脸后,把沾上爽肤水的洁肤棉加上两三滴柠檬汁,轻拍于脸上,有助软化角质层以及收细毛孔,更有美白的效能。

时尚的盐美容妙方

谁说美容一定要花大价钱,其实有时美容可以是件不花钱的事情,它的成本有可能降到最低,就比如我们平时吃的普通细盐,就是当下很流行的一种美容妙方。下面就推荐几种用盐美容的实用方法:

具有控油的功效

对于分泌油脂旺盛的T字部位,即使到了秋天,很多油性皮肤的"产油量"也会大增。对于局部区域,可以用细盐抹在事先润湿的皮肤上,轻轻按摩后休息3分钟,然后在鼻翼两侧毛孔张开的部位用中指指腹由下向上作挤压式按摩。"油量"真的会随着你的坚持而减产哦。

具有明目的功效

正常的清洁面部后,打半盆温清水,撒上少量盐让它融化,将脸部浸泡在淡盐水中,在水中睁开眼睛,上下左右活动眼球以达到用淡水洗眼的效果。

不出两个星期,你会发现你的眼睛变得明亮且炯炯有神起来,这才是名副其实的"电眼美女"。

具有亮肤的功效

洗干净脸后,把一小勺细盐放在手掌心加水3~5滴,再用手指仔细将盐和水搅拌均匀,然后蘸着盐水从额部自上而下地搽抹,边搽边做环形按摩。几分钟后,待脸上的盐水干透呈白粉状时,用温水将脸洗净,涂上保湿乳液或继续正常的护肤步骤。持续进行,每天早晚洗脸后各一次。

这样有很好的清洁和去污效果,毛孔中积聚的油脂、粉刺甚至是黑头都可以去掉。不过按摩时应该避开眼部周围的皮肤,而且敏感性皮肤谨慎使用。千万不要把盐水弄到眼睛里去,以免造成眼结膜损伤。

具有抑痘的功效

对于身上长有青春痘的"顽疾",盐也一样实用。入浴后让身体充分温热,待毛孔张开后多搽些盐在后背,各个角落都要抹到。用浴刷按摩1分钟,不要太用力,只要让皮肤与刷子间的盐分移动即可,然后用海绵蘸上淡盐水,贴在背上10分钟,再用清水洗干净。几次以后,背上的痘痘就慢慢地被攻克了。

粗盐美腿法

粗盐美腿法效果非常显著。它的操作方法非常简单,原因是,粗盐有发汗的作用,可以排出体内多余的水分,并且可以促进皮肤的新陈代谢,将其排除体外。

用法:在每天洗澡前,取一杯粗盐加上少许的热水拌成糊状,要调到涂在身上不会脱落的程度,再把它涂在想要瘦的部位,如腹部、手臂四周、大腿,大约静止10分钟后,再用热水把粗盐冲洗干净,也可先作些按摩再用水冲掉,之后开始洗澡。

若是你的肌肤比较敏感,无法使用一般的粗盐,可以购买一种比较细的"沐浴盐"来用。这种方式的适用人群是不喜欢运动的人,一般在一到两个星期内就会见效。

简单省钱的去角质法

食盐祛角质

手足：将食盐加入护手霜中，一星期揉搓按摩手部或者足部一次。

身体：把食盐加入沐浴乳里，用来全身祛角质，此法也适用于沐浴产品，或者加入薄荷油之类的按摩油，这时盐的外层会被油包裹着，不但可以增加滑顺度，还不会被水溶解掉。

面部：洗脸后，让脸保持微湿状态，取少量的食盐在脸上按摩（应避开眼睑四周使用），30秒后用大量的水冲净，皮肤会变得光滑细致。一周以一次为宜。

细砂糖祛角质

细砂糖4大匙，柠檬汁1/2小匙，橄榄油或者蜂蜜2大匙，香精油5滴（可根据你的喜好选择），搅拌均匀后涂抹于身体的部位，待10分钟后，用温水冲净即可。

橘子皮祛角质

将最外层的色素层削去，剩下的部分放在阳光下晒干，或是在微波炉中以低火力干燥5分钟。干燥后，切碎放入搅拌器碾成碎末，可用清水、化妆水或优酪乳调和，成为祛角质霜。

柠檬去斑的功劳

众所周知，柠檬是天然的美白产物，最简单的用法就是在洗脸水中加入数滴，或者用棉签蘸一点儿柠檬汁直接涂在斑点上，坚持数日，皮肤就会还原往日的白皙了，但对顽固色斑毫无办法。

柠檬中含有大量维生素，维生素C本身就是很好的保湿剂，外用敷脸可以使皮肤光洁、细滑。维生素C有很好的美白效果，柠檬中也大量含有这种成分，但用于对抗色斑效果不太明显，主要是由于这些维生素C无法被充分吸收到皮肤的底层，无法直接作用于黑色素细胞。此外，使用柠檬护肤还要非常注意：柠檬含有感光成分，如果你敷了柠檬，没有洗干净，外出活动反倒会加速色斑变黑。

斑点是由于黑色素不能及时还原，固着在原位造成的。因此通常美白产品效果都不一定明显,更别说用柠檬了。对付斑点,首先要清洁斑点表面的角质,保证美白祛斑物质能畅通吸收。同时可配合口服一定剂量的维生素C。此外,还要辅助以一定的按摩,以加速吸收,效果会更好。

简单便捷除去眼纹

随着不断增加的年龄和干燥的天气使脸上的皱纹越来越明显了,特别是皮肤很薄的眼部最容易出现干纹。轻轻按摩眼部不仅可以加快血液循环,还可以促进眼部肌肤对眼部护理乳液的吸收,减少细纹的产生。下面介绍眼部按摩法的步骤。

步骤一:在眼袋等容易出现细纹的地方涂抹厚厚的眼霜,涂抹的厚度以盖住皮肤原有的颜色为标准。

步骤二:用保鲜膜从上往下盖住涂抹了眼霜的部位,这样可以使眼霜快速渗透进肌肤,五分钟后取下。

步骤三:用食指、中指和无名指沿着下眼睑的眼骨从眼头到眼尾的方向轻轻按摩三次。

步骤四:将拇指放在眼睛的眼窝与鼻子之间,按照从眼头至眼尾的方向轻轻按摩上眼睑,最后适当按压太阳穴,重复3次。

步骤五:用食指、中指和无名指轻轻拍打眼睑部位,使肌肤更好地吸收眼霜。

食醋泡脚保你睡得香

食醋不仅仅是家庭生活中必备的调味品,它还具有良好的保健功效。

尤其用醋泡脚,更具有很好的保健功效。首先是消除疲劳。醋可以加速人体的血液循环,提高血红蛋白携带氧的能力,改善身体各部位因为疲劳而导致的缺氧状态,增强各系统的新陈代谢,有利于身体中二氧化碳和废气的排出,从而使人体得到放松,消除疲劳。

治疗睡眠障碍。每天用醋泡脚半小时,可以协调交感和副交感神经的兴奋程度,调节、松弛紧张的神经,调和经络气血,平衡阴阳。长期坚持,可明显改善睡眠质量,强身健体。足是人之根,足部有重要治疗价值的反射区就有75个。要注意的是必须选用优质酿造醋。

方法:每晚睡前将60摄氏度左右的热水倒入盆中,加食醋少许浸泡双脚,最好淹没踝关节。每天浸泡20分钟即可。

番茄做面膜无毒又去油

下面介绍给大家的这种番茄净肤去油面膜,有很不错的平衡油脂功效,同时还有清洁、美白与镇静效果,非常适合油性肌肤的人使用。

材料:番茄1个(中型)、奶粉2大匙、蜂蜜2茶匙。

制作方法:

步骤一:将熟透的红番茄用汤匙捣烂。

步骤二:然后将奶粉和蜂蜜加入捣烂的番茄泥中,均匀搅拌成糊状。

步骤三:洗干净脸后,均匀涂于面部,并在T字部位敷厚一点并稍加按摩,待十分钟后用温水清洗干净即可。

美肤功效:因为脸上有许多没有用的角质,所以可以趁敷脸时去除,加上茄红素和奶粉的滋养,可以让肌肤柔嫩更有弹性。

砂糖可去死皮

糖在保养肌肤方面,最重要的功效就是"保湿"了,它具有吸收水分的功能。

果酸对皮肤的好处备受肯定,但它的刺激性也让人心生恐惧,最新的研究发现,在果酸中加入糖就能降低刺激性。

冬春季节,很多人都为嘴唇上因干燥而脱落的死皮烦恼。在美国"美丽在线"网站上有专家撰文指出,如果经常用冲咖啡的细白砂糖去死皮,不仅效果好,还会有滋润养护的功效。

这种用砂糖去死皮的方法很简单:先将嘴唇弄湿润后,将细砂糖轻轻擦在唇上,用手或牙刷轻擦唇部。等死皮去除干净后,再涂上润唇膏,舒服地睡上一觉,嘴唇就能得到很好的养护。不过专家提议,这种方法每周用一到两次就可以了,多了反而不好。

最强的去斑组合:柚子茶+蜂蜜

经过一个酷夏的阳光照射,皮肤白皙的人就特别容易长出黑斑,令爱美的女性烦恼不已。色斑的根源藏在肌肤深层。要是细胞的黑色素"开关"一打开,即细胞一变黑,那么变黑的细胞就会迅速地上升到表皮组织,等出现在皮肤表面的时候就形成了黑斑。

出现的色斑虽然用化妆品可以使它暂时变淡,但是化妆品的效果也是有限的。就算是暂时有了一定效果,一经紫外线照射又马上恢复到原来的样子。

要是这样的话,就只能将色斑的元凶斩草除根了。所以,就要大量摄取能够深入到肌肤根源,使细胞变白的维生素C和L-半胱氨酸。

"蜂蜜柠檬"作为一种饮用水是被人所熟知的。其实与柠檬相比,柚子中维生素C的含量更丰富,而且柚子中富含有助于维生素C吸收的维生素P;并且,L-半胱氨酸是现在万众瞩目的美白成分,蜂蜜中含有很多这种成分。

将柚子的维生素C和蜂蜜中的L-半胱氨酸放在一起,那就是击退色斑的最强食材组合!

美容"神豆"——红豆

红豆在《本草纲目》中的正式名称为"赤小豆",它具有活血排脓、清热解毒、利水退肿等作用。在营养价值方面,红豆富含维生素B_1、维生素B_2、蛋白质及多种矿物质,有补血、利尿、消肿、促进心脏活化等功效。多吃可预防以及治疗脚肿,有减肥功效。红豆中石碱成分可增加肠胃蠕动,减少便秘,促进排尿,消除心脏或肾病所引起的浮肿。此外,它的纤维有助排泄体内多余盐分、脂肪等废物,有瘦腿效果。除了以上这些外,下面就介绍几种以红豆为主的美容方法。

红绿百合羹

原料:绿豆粉、红豆粉、百合粉各50克。

做法:将所有原料加水,以大火煮开后调至慢火至粉熟,加入适量的糖或盐,咸食、甜食皆可。

功效:绿豆所含的维生素能淡化黑色素,红豆能清热排毒,而百合则能滋润肌肤。

去水消肿汤

制法:薏仁粉20克,红豆粉30克。

做法:加水煮熟,再加入冰糖,待溶解后熄火,放凉后即可食用。

功效:此汤水有助养颜美容,益气养血,利水消肿。红豆可益气补血,利水消肿;薏仁可健脾利水,清热排脓。

红豆粉面膜去角质

原料:纯酸奶10克、红豆粉10克。

做法:将红豆粉与纯酸奶充分搅匀至糊状并轻轻涂抹于脸部肌肤,避开眼睛与嘴唇四周大约5~10分钟后,用温水洗净即可。一周使用两次。

功效:用红豆粉洗脸是一种天然古老的保养法,红豆粉的细微颗粒可充分渗入毛细孔清除脏污,具有按摩肌肤的效果,所以常用红豆粉洗脸的女性可以保持脸色白里透红,另外酸奶的乳酸酸度不会太强,所以用来敷面再合适不过。想让脸色明亮润泽的你,快试试红豆+酸奶的美容效果吧!角质层厚实的T区最适合敷用,不需洗面乳,单以温水洗净,就能让肌肤上的老废角质去除得干干净净,肤质亮泽。酸奶内丰富的乳酸更是舒缓皮脂细胞结合,促进肌肤新生的换肤好帮手。

新鲜蔬果养发秘方

人的头发就如同人的肌肤一样,需要经常滋润和营养,通常来讲,天然的植物尤其是水果和蔬菜中的营养成分更容易被人体所吸收。各式各样的新鲜水果和蔬菜蕴涵着丰富的滋养成分, 只要懂得加以运用便可以成为理想的护发材料。下面介绍两款蔬果护发品：

番茄护发素

人们在游泳的时候泳池水令发色变得枯黄，恰恰番茄就能使黑发恢复原有的色泽，更可去除头发上多余的气味。

材料：番茄1个。

做法：将番茄捣烂，或是用榨汁机将番茄打成糊状，加少量面粉，调制成适合的浓度。

用法：清洁头发后，用毛巾把头发稍微抹干，再将番茄泥涂抹到头皮以及头发上。包上热毛巾并戴上浴帽，待15~20分钟后再用温水冲洗干净。

芒果护发素

芒果所含有的丰富维生素和矿物质都能促进头皮和头发的健康，令头发长得更有光泽。

材料：芒果1个，橄榄油1茶匙，新鲜柠檬汁2汤匙。

做法：将芒果去皮去核捣烂，或用榨汁机将芒果打成糊状，在芒果泥里加入柠檬汁，搅拌均匀即可。

用法：清洁头发后，用毛巾把头发稍微抹干，再将芒果泥涂抹到头皮以及头发上。包上热毛巾后戴上浴帽，15~20分钟后用温水冲洗干净。

苹果美味又养颜

苹果自古以来就被享有"水果之王"的美誉，苹果中的营养成分非常丰富，是一种被广泛使用的天然美容品，被许多爱美人士奉为美容圣品。苹果中含有0.3%的蛋白质，0.4%的脂肪，0.9%的粗纤维和各种矿物质、芳香醇类等。它所含的大量水分和各种保湿因子对皮肤有保湿作用，它其中所含的维生素C能抑制皮肤中黑色素的沉着，常食苹果可淡化面部雀斑以及黄褐斑。另外，苹果中所含的丰富果酸成分可以使毛孔通畅，还有祛痘的作用。

除此之外，苹果性能温和，可作为天然面膜，也可以切片涂敷。对油性皮肤而言，将1/3个苹果捣成泥状，敷于面上15分钟，然后洗净，再用冷水洗脸，可以软化角质层，使油脂分泌平衡。将苹果切片后敷在黑眼圈部位也是近年来流行的去黑眼圈妙方。最新医学研究还发现,苹果中除含丰富的维生素和果胶以外,还含有大量的抗氧化物,能够防止自由基对细胞的伤害与胆固醇的氧化,是抗癌防衰老的佳品。下面介绍苹果制作美容方法:

苹果面膜

制作方法:苹果去皮,捣烂呈泥状,干性皮肤加适量鲜牛奶或植物油,油性皮肤加蛋清,搅拌均匀敷面,20分钟后用清水洗净,不仅可除皮肤暗疮、雀斑、黑斑,而且可使人的皮肤细嫩,柔滑而白皙。

同时可将一块苹果薄片敷在眼部底下,再轻微提起眼皮,有助于消除黑眼圈。

窈窕美容液

需要准备的原料有:苹果1个、橙子1个、少许冰糖和红茶。

制作方法:

步骤一:先把苹果和橙子分别去皮去籽,把苹果丁和橙肉一块放入壶里。

步骤二:用少量的水将它们煮开,一起煮开后倒入放了红茶包的容器里,香浓好喝的窈窕美容液就做好了。

苹果中含有不可小视的纤维素,不仅可以通便,还可以让肠道里的胆固醇含量减少,窈窕美容液的名字由此而来。闲暇时喝上这样一杯窈窕美容液,内在调理,外在养颜。

苹果美容霜

苹果富含维生素和苹果酸,能使积存在我们体内的脂肪分解,保持窈窕身材。橙子富含维生素C,能美白肌肤,还能抗氧化,这些都能起到美容的作用。

制作方法:

步骤一:在锅中放入200毫升纯净水,将柠檬切出两张圆形薄片放入锅中煮沸。

步骤二:在沸腾的柠檬水中加入削好的比较厚的苹果皮,改为小火再煮5分钟。

步骤三:在膏霜瓶中放入植物油和乳化剂。

步骤四:将膏霜瓶放入带有开水的锅中,在膏霜瓶受热的状态下搅拌植物油和乳化剂,使两者充分融为一体。

步骤五:将两大勺煮好的苹果柠檬水加入膏霜瓶内,快速搅拌。

步骤六：在常温中搅拌混合物，使之慢慢固化变成柔软的膏状。

步骤七：将剩余的苹果柠檬水放凉后装入护肤水瓶中。

橙子美颜新招式

橙子中含有大量的维生素C。维生素C素为"美容维生素"，它能增强对日光的抵抗力，抑制皮肤色素颗粒的形成，保护皮肤的白色；同时能协助荷尔蒙的分泌，增强止血功效，对血色有良好的影响，能使肌肤光泽；还可以帮助产生骨胶原，从而增强皮肤弹性。

下面就介绍一下它的宝在何处：

橙皮按摩

功效：消除橘皮组织。橙皮具有出类拔萃的抗橘皮组织功能。

做法：取1/4清洗干净的橙皮，用橄榄油浸湿，然后按摩身体上相应的橘皮组织部位，按摩时均匀用力挤出汁液，结束后用清水洗净皮肤。

橙皮磨砂

功效：去死皮。用橙皮能磨去死皮，同时其中含有的丰富的类黄酮成分和维生素C成分，还能促进皮肤的新陈代谢，提高皮肤毛细血管的抵抗力。

做法：将鲜橙带皮切片，装入纱布，直接在手肘、膝盖、脚跟等粗糙的部位摩擦，磨去死皮。

橙皮沐浴

功效：保湿，嫩肤。有助于保持皮肤的润泽、柔嫩，适合在干燥的季节使用。

做法：把新鲜的橙皮加水一起熬成汤，在泡浴时加入少量新熬好的橙皮汤。

橙汁卸妆

功效：深层洁肤。

做法：用洗面巾浸透橙汁擦拭面部皮肤，充分吸收5分钟后用清水洗净，既能卸妆，又可彻底清洁面部污垢和油脂，发挥深层洁肤功效。即使敏感的肌肤也可放心使用。但特别提醒，使用橙汁洁肤后要尽量避免阳光的暴晒。

橙瓣眼膜

功效：补充眼部水分。

做法：将橙瓣切成薄片当眼膜使用，用手指轻轻地按压以助吸收，能促进血液循环，有效补充眼部水分，发挥长时间滋润功效。

橙籽面膜

功效：紧致肌肤。

做法：将两茶匙橙籽用搅拌机打成粉末，混合蒸馏水制成糊状面膜。每周敷1~2次，能提高皮肤毛细血管的抵抗力，达到紧致肌肤的目的。皮肤敏感的人可先作皮肤测试，将自制面膜涂于耳后，5~10分钟后洗净，若没感到不适便可安心使用。

橙花精油按摩

功效：镇静放松。橙花精油能刺激副交感神经，具有镇静放松功效。

做法：将橙花精油3滴添加进50毫升基础油中稀释后用来按摩全身，或直接将精油3滴滴入薰香器，都能有效放松身心、缓解压力。

淘米水的神奇美肤功效

用淘米水来洗脸，洗后皮肤滑滑的，既润肤又不会过敏。这是因为大米中有可溶于水的水溶性维生素以及矿物质会残留在淘米水中的缘故，而其中维生素B群的含量特别丰富。正因为它非常天然，所以也适合敏感性肌肤使用，所以淘米水具有很好的美肤功效。

淘米水可以充当洗脸水

只要每天早晚各1次，用淘米水洗脸，就能达到美肤作用。淘米水冷藏存放使用，不过只能在冰箱冷藏一天，不能超过两天，不然会发酵变质。

材料：白米、自来水。

制作方法：

步骤一：把白米放入容器中，倒入自来水。

步骤二：搓洗后，将淘米水倒掉，然后再度倒入自来水，搓洗后留下第二次淘米水留着备用。

步骤三：将留下的淘米水经过一夜沉淀后，取乳白色状的淘米水，倒入洗脸盆中。

步骤四：加入约淘米水1.5倍的温水即可。美肤用淘米水完成，可直接拿来洗脸。

可以当"按摩霜"使用

边洗边按摩，美肌效果更好。

材料：美肤用淘米水适量。

按摩步骤：

步骤一：蘸取淘米水及其沉淀物，均匀涂在脸上。

步骤二：轻轻拍打全脸。因为拍打后再进行按摩，能帮助养分吸收，让肌肤更柔嫩。

步骤三：用中指指腹，从下巴以画圆圈方式按压至脸颊。

步骤四：再直线滑至嘴角，往鼻翼方向来回推滑，约10~15次。

步骤五：中指慢慢滑至鼻梁，以画圆圈方式按压，约10~15次。

步骤六：中指滑至眼尾，以画圆圈的方式按压至眼头，来回10~15次。

步骤七：滑至额头中央，然后以中指和食指腹，以圆圈法按压至额头两侧。

步骤八：最后用温水冲洗即可。

专家提醒：如果已经化过妆，一定要彻底干净卸妆，才不会使肌肤产生过敏现象。

充当化妆水

把美肤用淘米水拿来当化妆水，长期使用会让皮肤变得白白嫩嫩，不过要记住，拍完后要用清水洗净才行。

材料：美肤用淘米水适量。

做法：

步骤一：将化妆棉充分蘸取美肤用淘米水。

步骤二：轻轻地、均匀地拍打在脸上。

步骤三：最后以清水洗净即可。

用做洗澡水

如果希望身体肌肤"水嫩嫩"，那就储存大量淘米水来洗澡吧！没有任何诀窍，只要将淘米水集中倒入浴缸中，直接用来洗澡，洗完后身体自然会变得滑滑的。

当面膜使用

除了淘米水可美肤外,运用淘米水的沉淀物敷脸,效果也很不错。

做法:

步骤一:将白米先用水稍微洗一下,然后再用少量的水用力洗,留下第二次的淘米水。因为用的水量较少,所以水感较浓稠,而放置一晚后得到的沉淀物也比较多。

步骤二:将已出现沉淀的淘米水,轻轻地倒掉水分(但不要丢掉,放于另一容器中备用),留下底部的沉淀物。

步骤三:洗澡前,依按摩要领将沉淀物涂在脸上,约15分钟后,沉淀物变干时,再涂上淘米水,直到淘米水用完为止。

步骤四:用完所有淘米水后,等它慢慢自然风干,洗澡时用温水洗净。

步骤五:最后用冷水冲一下,让皮肤收紧,一周使用一次即可。

自制洗脸水越洗越美丽

日常中,只要一提到洁肤问题,大多数人都会把目光投向市场上各式各样的洗面奶,要不就是洁肤面膜。这些固然重要,但是还有一样东西不可少,那就是洗脸水。

5%的食用醋洗脸水

醋不但是调味佳品,而且具有良好的美容作用。这是因为醋的主要美容成分是醋酸,它有很强的杀菌作用,对皮肤、头发能起到很好的保护作用。用加醋的水洗皮肤,能使皮肤吸收到一些十分需要的营养素,从而起到松软皮肤、增强皮肤活力的作用。醋与水的配置比例为5%,也就是差不多一脸盆水加一茶匙醋就可以了。

1:5000的小苏打洗脸水

小苏打又名碳酸氢钠,呈弱碱性,可中和皮肤表面的酸性物质,水溶后能释放出二氧化碳,浸透并穿过毛孔以及皮肤角质层,促进皮肤的血液循环,使细胞新陈代谢旺盛。小苏打与水的配置比例为1:5000,即用5升的水来稀释溶解1克小苏打。用这种配方的水洗脸后可使毛细血管扩张,令肌肤光泽、红润、有弹性。

用绿茶制洗脸水

茶叶中的许多营养成分都有美容效果,特别是绿茶。绿茶中含有很多维生素C成分,并有抗氧化的功效,喝绿茶可以净白肌肤,又有排毒减肥的作用。同样,绿茶用于化妆品中,通过与肌肤的接触,美容成分也可以直接被肌肤接收。绿茶洗脸水的配置很简单,取两克绿茶,在茶壶里用两升的水泡制成茶水,待茶水变温就可以使用了。

在使用这些特殊的洗脸水前,还是要用洗面奶先洁肤的,这样洗脸水中的成分会更容易被脸部的皮肤所吸收。

此外,洗脸时的水温一般控制在20~25摄氏度之间,此时的水温与皮肤细胞内的水分温度十分接近,更容易浸透到皮肤里,从而使皮肤变得细腻、红润。

让女人拥有诱人体香

女人获得诱人体香五大秘方,让你全天香香的。

如意方

材料:甜瓜子、松树根及皮、大枣、炙甘草等分。

制作方法:将上面4味药共同碾成细末,存贮。

美容方法:每次服几勺(约6~9克),每日服3次。

美容效果:服用20天后即有效果,50天后则身体清香。

体香方

材料:药物白芷、薰草、杜若、杜衡、藁本等分。

制作方法:将上面5味药物碾成细末,用蜂蜜和匀,做成梧桐籽大小的药丸。

美容方法:每天早晨服3丸,晚上服4丸,用温开水送服。

美容效果:服用30天后,令身体甚至脚下均香。

满口香方

材料:丁香30克,藿香、零零香、甘松各60克,白芷梢、香附、当归、桂枝、益智、槟榔、白蔻各40克,麝香5克。

制作方法:将上述药物碾为细末,炼蜜做成梧桐籽大小的药丸,备用。

美容方法：每次噙化3~5丸。

美容效果：可以使身体与口香。

贵人挹汗香方

材料：丁香40克，川椒60粒。

制作方法：先将丁香碾成细末，川椒打碎，然后把两味药物混合拌匀，用绢袋盛装。

美容方法：佩戴在胸前。

美容效果：可以绝汗臭。

取香方

材料：白芷、薰草、藁本各等分。

制作方法：将以上3味药物共同碾细，过筛为散，然后用蜜调药做成梧桐籽大小的药丸。

美容方法：每次饭前服3丸，用米汤送下。

美容效果：服用20天后，令身体及足下皆香。

保护好男人的"面子"

作为男人总是在为工作忙碌着、在不断的社会负荷加重之余，自我保健在当今不仅是一种时尚，还是一种自我健康的标榜。

别看洗脸这个每天简单的几分钟，里面的学问却很大。男人也要好好洗脸，邀请你做个面部护理之旅。

肤色修饰与调整

黑里透红的皮肤，能显示一种男性所特有的美，而当疾病、疲劳使面部皮肤苍白或呈奶黄色调时，就会呈现不健康的病态感，甚至在眼眶周围出现暗灰色或黑晕，有的人细纹增多，失去皮肤原有的光泽和弹性。要暂时改变这种状况，就要借助化妆的手法和材料来调整和修饰皮肤。

首先清洁皮肤，去除面部表皮上退化了的角质细胞以及污垢。涂抹适合自己皮肤的护肤霜，并在涂抹时进行自我按摩，以使紧张疲倦的皮肤放松。

嘴唇的着色和滋润

男子嘴唇的修饰与女子不同,只能染上薄薄的油色,而不能有明显的边缘线,也不能用唇膏来改变嘴唇的轮廓和形状。嘴唇着色的目的是为了改变本身灰白无生气的唇色。颜色以浅红或棕红为好,容易与肤色谐调而显得自然真实。

化妆时,不必用唇线笔先勾画轮廓,只用手指沾一点唇膏搽在嘴唇上就行了。

如果嘴唇呈灰紫苍白又干裂的现象,应该先涂无色透明的防裂唇膏,然后再轻轻地着唇膏色,使嘴唇光泽红润丰满。如果嘴唇本身的颜色很好,只需涂防裂唇膏就可以了。总之,要让嘴唇始终显得健康红润,饱满而富有光泽。

眉型修饰

男子的眉毛应自然、真实、大方,不宜出现修饰的痕迹,而当眉型不美或有缺陷时,还可采取有别于女性的修饰方法。男性眉型可以成功地体现男士的阳刚之美,例如剑眉、卧蚕眉及扫帚眉。

眉毛稀疏色淡,既不利于衬托眼睛,又会使脸部平平显得极没有生气,可以用眼影刷沾一点焦茶色(用黄、棕、黑三色调配),搽在稀疏的眉毛根底中间,然后用小手指轻轻揉匀,就会使眉毛显得浓密。注意用色要薄,且不要涂出眉外。

如果要改变眉型,可先用拔眉摄子拔去多余的散眉,然后用眉笔添画。但是,男士画眉要格外加以修饰,而在自然的环境下,不高明的化妆技术,画眉会留下人工修饰的痕迹,是不足取的。

改变抽烟后的唇齿颜色

长期抽烟会导致嘴唇和牙齿颜色的改变,嘴唇不仅干枯无泽,而且呈紫褐色;牙齿焦黄,甚至变黑。这些都严重影响到容貌美。要想改变嘴唇和牙齿的颜色,除了戒烟或少抽烟、去医院口腔科进行专门洗牙治疗外,有时为了应急,可以通过化妆来弥补。可以在嘴唇上涂防裂唇膏,保持嘴唇的油分和滋润感;用棕红色唇膏轻轻涂在嘴唇上,可以遮盖紫褐色的嘴唇,而且由于深色唇膏与牙齿色泽反差小,能够造成视错觉,让人看上去觉得牙齿不是那么显黄了。

让男性的干性肌肤舒服过冬

秋冬是任何干性皮肤最难捱的日子,男性的肌肤也不例外,因为夏天用的护肤品入冬后,你会觉得不够滋润,所以防干措施势在必行。

保湿救急法:先来个5分钟高水分补湿面膜,或用蜜糖、杏仁油加适量面粉敷面,再涂上滋润性强的润肤乳或凡士林,都可以令干燥皮肤迅速补充水分。

每天只用洁面乳洗一次脸

由于男性干性皮肤特别缺水以及容易因干燥而脱皮,因此可选用些含蜜糖、牛奶和维生素E等成分的洁面剂。但洁面剂不宜多用,每天一次就好,早上起床只用温水洗脸便可。

记得拍上滋润型爽肤水

洗脸后可拍上滋润型爽肤水以减少绷紧感,为皮肤加一层保护膜。

涂日、晚霜要趁皮肤湿润时

趁皮肤仍湿润时,可涂上具补湿以及高滋润性的乳霜,以锁住肌肤中的水分以及增加光泽感,如果等到脸上已完全干透才涂,就不会有很好的效果了。

别以为干性皮肤每次都要涂上超分量的乳霜,其实这反而会闭塞毛孔,使皮肤出现暗疮,千万别乱来。

使用含UV指数的日霜

不要忽略了秋冬的阳光,为免被紫外线直接触及皮肤而使皮肤更干燥,外出时务必涂上含SPFl5以上的防晒霜。如果不想浪费夏天的护肤品,可将夏天用的含有防晒成分的日霜当防晒霜用。

勤敷水分面膜

秋冬肌肤水分容易流失,日霜、晚霜未必能深层滋润,所以每星期别忘了最少做一次补湿面膜以滋养肌肤,最好选择含有补湿成分的物质。

除市面上卖的现成的护肤品外,当然你也可以试用一下天然的材料,比如茶叶可以令皮肤滋润。红茶含丰富的维生素C,有抗衰老功效。将红茶与蔗糖各20克冲入滚水搅溶,再倒入适量面粉打成糊状,敷在脸上,15分钟后洗净,每周两次,不出一个月,你的皮肤就会显得润滑多了。

第七章

我低碳我骄傲

——做个环保的时尚达人

自制省钱的沐浴露

大家在吃完柚子后，一般都会把柚子皮扔掉。据新加坡美容专家说，用柚子皮自制沐浴液可是美容的妙方，这是因为柚子皮中含有丰富的果胶，而果胶对保养皮肤很有好处。所以千万别扔皮！

事实上我们不少人都知道可用柚子皮搭配食物食用或者做成柚子茶，殊不知柚子皮中含有的果胶对人体皮肤十分有益，可以制成沐浴液。

柚子皮沐浴液具体制作方法如下：

步骤一：按十字形把柚子切成四瓣，用手把皮与果肉分开，再把每块皮切成两块，这样一共切成八块果皮。

步骤二：用刀把柚子皮白色部分分离开来（即分开内外果皮），再把白色的果皮切成细丝放在烧杯中，没有烧杯的话可以用陶瓷或不锈钢器皿代替。

步骤三：白色果皮中加入0.5毫升乳酸或加入0.5克柠檬酸（加入乳酸或柠檬酸有利于果胶的溶出），再加200毫升水，直接放在火上，煮大约10分钟。

步骤四：过滤白色果皮等杂质和提取液。接着再加入200毫升左右的水清洗残渣，使滤液总量达400毫升。

步骤五：过滤液还热时加入硼酸8克，使之溶解。硼酸是防腐剂，可抑制细菌的繁殖，对霉菌有很好的消灭作用。

步骤六：滤液温度冷却到40摄氏度以下时，加入40毫升酒精、40毫升甘油。

酒精和甘油的加入量可根据皮肤的性质调节:细腻型皮肤可减少为各30毫升,粗糙型皮肤可增加到各70毫升。

步骤七:最后把它装入漂亮的空瓶中,就大功告成了!

自制的柚子皮沐浴液不仅省钱,而且让皮肤远离人工化学物质的伤害,最关键的是美容功效超级棒!

厨房取材美容省钱小窍门

厨房里糖、米、油、盐、酱、醋、茶这七种生活中随处可见的食材,是既方便快捷又经济实惠的天然美容保养材料。

比如切黄瓜时,你可以切上几个薄片敷在脸上。就连白菜根都不要扔,把它洗净和其他蔬菜的下脚料放进打碎机,榨出来的汁洗手,补充水分,使双手不再粗糙,剩下的纤维就洗脸,感觉清清爽爽的。你还可以在厨房里用蜂蜜调面粉做面膜,洗净后煮一壶水,给自己的脸补充新鲜水蒸气。那效果自然挺棒。下面介绍从厨房取材美容的几个小窍门:

1.打鸡蛋时,用蛋壳里剩余的蛋清抹脸,半小时后洗掉,可使皮肤柔嫩。

2.切豆腐时,把菜板上剩下的小豆腐渣压碎后抹脸并按摩,可使容颜亮丽。

3.切黄瓜、丝瓜时,用剩下的头儿擦脸,会起到洗面奶的作用。

4.切番茄时,把小块番茄片敷在脸上,会增添脸的光泽。

5.切土豆时,把土豆片贴于眼底,可消除眼部肌肤肿胀。

6.用淘米水洗手,可增加指甲柔韧以及光洁度。

过期化妆品的再利用

一般来讲,化妆品只有过时不过期,只要我们肯花点心思,便可以将过时的化妆品"变废为宝",把省下的钱用来买漂亮的衣服。

不用的旧唇膏。把平时不用的唇膏用调棒将唇膏挖出来,直接挤进盒子里(装过药丸的小盒子),然后用吹风机、打火机将其加热,融成膏状后倒进盒内,待其冷却凝固就完成了。如有多管这样不用的唇膏,可如法炮制,全部倒进盒子。这样不仅携带方便,还可用唇刷把几种颜色调和起来使用。

摔破的眼影和粉饼。你可以把眼影压碎成粉状,装入小瓶子,日后作眼影粉使用;粉饼则可以压碎成粉,加在同色系的蜜粉内混合使用,效果也不错。

干掉的睫毛膏。通常睫毛膏快要干时,会表现为刷子上形成一些结块,这时可试着加入2~3滴婴儿油调和后使用。如果是防水睫毛膏,可放在热水中煮1分钟再使用。为了延长睫毛膏的使用寿命,不要在罐子里过多地来回抽送睫毛刷,以免更多的空气进入罐内,使睫毛膏加速变干结块。

颜色过时的眼影。不带亮片的粉色、橙色等暖色眼影可以替代胭脂;黑灰、蓝、咖啡色系眼影可以粘水当下眼线使用;灰、咖啡色与棕色系用作眉粉;亮色眼影可以打在眉骨以调整明暗度;红紫色眼影可在油质较多的唇膏中创造雾光或粉质的效果。

香皂头变身术

香皂纸说它效率高,是因为它拿起来就可以用,用完直接丢弃,方便是因为你可以将它随身携带,免去了出门在外随身带块香皂的麻烦。而它所需要的用料就是我们平时用剩的小香皂头和白纸,真所谓节约有加。

制作材料和工具:吸湿性较好的白纸,小块香皂,一支毛笔和一次性饮料罐,这样就可以开始制作了,不需要太复杂的准备工序。

制作方法:先把香皂切碎后放在罐里,盛上适量的水后把杯子放在炉上加热,等香皂融化,将白纸裁成火柴盒大小,一张张浸透皂液,再取出阴干就成了香皂纸。当你外出游玩或出差的时候,拿上香皂纸,到哪里洗手都方便又省事。香皂纸是一种效率高又方便节约的好东西

巧制礼品盒

平时家里胶带用完后,会剩下一个空的硬纸胶芯,用一个宽的做盒身,一

个窄的做盒盖,各加一个底,再用薄海绵(比如过期证书里面的那种)和布封成一个漂亮的外套,里层用单面胶将盒身与盒盖粘住(起到合叶的作用),外面做个搭扣,可以选用自己喜爱的装饰物,一个漂亮的小礼品盒就做好了。

自制小饰品收纳箱

制作方法:废旧的三角台历、名片盒、棉花或绒布、回形针,接着将项链、首饰挂在台历的活页孔上。如果是单个的坠饰,可穿上回形针来帮忙收纳。

在名片盒里铺上绒布或棉花,就可以用来收纳耳环、戒指等小饰品。将名片盒放入台历三角立型处,废旧的三角桌历和名片盒就成为小饰品的多层收纳处了。

用来收纳手链、项链、耳环、戒指等小饰品,不但摆放整齐,而且取用方便。

特别提醒:手链、项链要分排挂,以免相互打结。另外名片盒也可以收纳回形针、图钉等小文具。

保鲜膜盒的再利用

通常,家里的保鲜膜用完了,绝大多数人都会将它随手扔进垃圾桶,通过看了以下的小窍门后你肯定不会再这么做了。因为保鲜膜盒可以再利用,做成生活中非常有用的三件东西。

裁纸刀

材料:废旧保鲜膜盒、剪刀、铁丝衣架、针、线、裁纸刀。

制作方法:

步骤一:用剪刀从保鲜膜盒的一端,六七厘米处剪下一段。记住只剪盒盖。

步骤二:把粘在盒盖儿上的锯齿刀,轻轻地揭下来。

步骤三:把锯齿刀压平,再把刚才的纸片对折,把锯齿刀片放在对折好的纸片里,露出刀片的1/3就可以。

我们的第一件东西就做好了,可以用这个小刀切豆腐和打开零食袋。非常方便。

除尘滚子

制作方法：

步骤一：把保鲜膜的废旧圆芯，用刀一分为二切开，再在芯的两端圆口上分别切出12个小口。

步骤二：用线缠在芯上，从外往里穿着缠，缠成网状，线被小口卡住，不会移动。

步骤三：把铁丝衣架，往里弯，两头弯成小勾子，把刚才缠好的网芯卡住就可以。除尘滚子完成了。

针线盒

步骤一：把刚才剩下的芯儿，压平剪成两段。

步骤二：剪成大约工字形，在上面缠上线，把缠好线的片，对折弯一下，放在保鲜膜的盒里，旁边放上一块海绵。

这样针线盒做好了，用的时候，把线往外一拉，按住一头，线就可以被这个保鲜膜上的锯齿刀轻松割断了。

生活中的废物巧利用

旧牙刷做挂钩

把牙刷带毛的部分去掉，留下刷把，用微火烘烤成挂钩状，用于挂衣服或其他物品，既美观又耐用。

橡胶瓶盖做椅子腿垫

在地板上搬动椅子时经常会发出刺耳的响声。为避免这一点，可在椅子腿的下端粘一只橡胶瓶盖，作为缓冲物。这样既不会发出刺耳的声音，又可以保护椅子腿和地板。

啤酒瓶盖做鱼鳞刨

将啤酒瓶盖钉在木柄上，做成鱼鳞刨，洗鱼时在水中边洗边刨鱼鳞，既迅速又干净。

铁皮饼干箱做畚箕

将破损的铁皮饼干箱或其他铁皮盒剪成畚箕形状,然后钉一根木棍,就可以堆放垃圾了。

旧领带做伞套

领带有宽窄两头,可将伞从宽头插入,然后按伞的长短需要剪断,把边锁好即可。

自制集线器

制作材料:废旧烟盒

制作方法:

步骤一:把烟盒底部用刀切一个开口,大小根据你数据线的端口考虑;

步骤二:让数据线一段从开口穿过,就好了,必要的可以用胶带,在烟盒里面粘连一下。

这样做的几大优点:

1.这样平时数据线一排放在桌子上也不是很凌乱了,因为数据线长短不同,多余的部分可以卷入烟盒中,所有各端口可以整齐地码放在桌子的角落;

2.有了烟盒的阻碍,也不会出现数据线滑入桌下的情况了;

3.长期不用的数据线还可以全部收藏在烟盒中,放到抽屉里面;

4. 记性不好或者对数据线功能不熟悉的人还可以在烟盒上写上说明,比如数码相机连接线、USB延长线等。

旧衣服再利用

许多人会将今后不想再穿或不能再穿的衣服扔掉, 其实这样造成了很大的浪费。如果这些衣物的扣子和扣眼都完好,就可以剪下来留着备用。当做被罩、褥垫、靠背等需要开口的东西时,把这些剪下来的扣子和扣眼一边缝上一个,不仅利用了旧物又使取装里面的被、垫非常方便。另外,旧衣物可做抹布,也可以拼缝在一起,做冬季马桶上的垫圈,既干净又温暖,还省钱,一举多得。

淘米水的妙用

淘米水去腥味、咸味，效果极佳；菜板用久后会有股臭味，可将菜板放在淘米水中浸泡一段时间，再用盐擦洗，最后清水冲净，即可清除。

用来漱口，可治口臭、口腔溃疡。

厨房中的铁制炊具，用后放在淘米水中，不易生锈，锈后也容易擦干净。

用淘米水擦洗门窗、家具用品，如搪瓷器具、烟灰缸、灯泡、碗碟、油瓶、污浊竹木器具等，去污力强，干净，明亮。

用大口容器盛装淘米水，滴入几滴"敌百虫"杀虫剂，置墙角边，可引诱蚊虫在缸内产卵，从而杀害蚊虫。

用淘米水泡发海带、墨鱼、干笋等，既容易泡涨，洗净，又容易煮熟、煮烂。

淘米水中含有一定的氮、磷、钾成分，用它来浇灌花木、蔬菜，可使株肥苗壮。

新砂锅使用前，先在淘米水中洗刷几遍，再装上米汤，在火上烧半小时，这样沙锅在使用中就不会漏水了。

经常用淘米水洗手，不但容易去污，还可使手部皮肤滋润，光滑；洗浅色衣服，易去污。

沙锅积了污垢，可用淘米水刷洗，再用清水冲净，污垢即被除去。

新买的油漆用具，用柔软布蘸淘米水加少许食醋的混合液擦抹，漆味可除，油漆家具用淘米水擦洗，既省事，又光亮。

白色衣服，经常用淘米水来浸洗，就不容易发黄；沉淀后的白色淘米水，煮沸后，可用来浆衣服。

淘米水中含有一定的营养成分，用它来配饲料喂猪，生猪容易长膘。

要想使盆景中长出青苔，可把盆景放置于阳光充足的地方，每天浇灌沉淀过的淘米水，半个月后就会长出郁郁葱葱的青苔。

已经变黄的丝绸衣服，浸泡在干净的淘米水中，每天换一次水，两三天以后，衣服上的黄渍就会褪掉。

残茶的再利用

用干净的残茶叶煮茶鸡蛋,味道清香可口。

将残茶叶晒干揉碎后放到电冰箱里,可消除电冰箱的异味。

晒干后的残茶叶放在厕所燃烧,可消除恶臭味。

生吃葱、蒜后,口嚼残茶叶可消除葱蒜味。

油腻的碗碟餐具,用残茶叶擦洗,可除油腻。

地毯上积有尘土,若把茶叶均匀地撒在地毯上进行清扫,便能除去积附的尘土。

将残茶叶倒入花盆里,能保持土质的水分;与泥土混合,可做花卉的肥料。

用残茶叶擦洗镜子、玻璃、胶纸板等有很好的去污效果。

残茶叶晒干充当枕芯,有祛火的特殊功能,对高血压、失眠者也有辅疗作用。

将鲜蛋埋入干净的干茶渣中,放阴凉干燥处,两三个月鸡蛋也不会变坏。

日晒不足的角落比较潮湿,可把旧茶叶晒干,铺撒在潮湿的地方,能吸掉潮气。

废鸡蛋壳的再利用

使皮肤细腻滑润

把蛋壳内一层蛋清收集起来,加一小匙奶粉和蜂蜜,拌成糊状,晚上洗脸后,把调好的蛋糊涂抹在脸上,过30分钟后洗去,常用此法可使脸部肌肤细腻滑润。

治小儿软骨病

鸡蛋壳含有90%以上的碳酸钙和少许碳酸钠、磷酸氢等物质,碾成末口服,可治小儿软骨病。

消炎止痛

用鸡蛋壳碾成末外敷,有治疗创伤和消炎的功效。

治烫伤

在鸡蛋壳的里面,有一层薄薄的蛋膜。当身体的某一部位被烫伤后,可轻轻磕打一只鸡蛋,揭下蛋膜,敷在伤口上,经过10天左右,伤口就会愈合了。它的另一个优点是敷上后能止痛。

止胃痛

将鸡蛋壳洗净打碎,放入铁锅内用文火炒黄(不能炒焦),然后碾成粉,越细越好,每天服一个鸡蛋壳的量,分2~3次在饭前或饭后用温水送服,对十二指肠溃疡和胃痛、胃酸过多的患者,有止痛、制酸的效果。

治妇女头晕

蛋壳用文火炒黄后碾成粉末,与甘草粉混合均匀,取5克以适量的黄酒冲服,每天两次。

治腹泻

用鸡蛋壳30克,陈皮、鸡内金各9克,放锅中炒黄后碾成粉末,每次取6克用温开水送服,每天3次,连服两天。

生火炉

将蛋壳捣碎,用纸包好,生炉子可用它来引火,效果甚好。

灭蚂蚁

把蛋壳用火煨成微焦以后碾成粉,撒墙角处,可以杀死蚂蚁。

养花卉

将清洗蛋壳的水浇入花盆中, 有助于花木的生长。将蛋壳碾后放在花盆里,既能保养水分,又能为花卉提供养分。

驱鼻涕虫

将蛋壳晾干碾碎,撒在厨房墙根四周及下水道周围,可驱走鼻涕虫。

使鸡多生蛋

将蛋壳捣碎成末喂鸡,可增加母鸡的产蛋能力,而且不会下软壳蛋。

防家禽、家畜缺钙症

蛋壳焙干碾成末,掺在饲料里,可防治家禽、家畜的缺钙症。

废瓶子的妙用

自制小喷壶

有些饮料瓶的色彩鲜美,丢弃可惜,可用来做一个很实用的小喷壶。用废瓶子做小喷壶时,只要在瓶子的顶部锥些小孔即可。

自制量杯

有的瓶子(如废弃不用的奶瓶等)上有刻度,只要稍加工,就可利用它来做量杯用。

使衣物香气袭人

用完了的香水瓶、化妆水瓶等不要立即扔掉,把它们的盖打开,放在衣箱或衣柜里,会使衣物变得香气袭人。

擀面条

擀面条时,如果一时找不到擀面杖,可用空玻璃瓶代替。用灌有热水的瓶子擀面条,还可以使硬面变软。

除领带上的褶皱

打皱了的领带,可以不必用熨斗烫,也能变得既平整又漂亮,只要把领带卷在圆筒状的啤酒瓶上,待第二天早上用时,原来的皱纹就消除了。

制漏斗

用剪刀从可乐空瓶的中部剪断,上部即是一只很实用的漏斗,下部则可作一只水杯用。

制筷筒

将玻璃瓶从瓶颈处裹上一圈用酒精或煤油浸过的棉纱,点燃待火将灭时,把瓶子放在冷水中,这样就会整整齐齐地将玻璃瓶切开了。用下半部做筷筒倒也很实用。

制风灯

割掉玻璃瓶底,插在竹筒做的灯座里即成。灯座的底上要打几个通风小洞,竹筒的底缘也要开几个缺口,这样把灯放在桌上,空气就能从缺口里进去。

制金鱼缸

粗大的玻璃瓶子,可以按照筷筒的方法做个金鱼缸。在下面的瓶塞上,装上一段橡皮管,不把金鱼捞出来,就可以给金鱼换水。

制吊灯罩

找一个大的、带瓶盖的、色彩艳丽的空酒瓶(如白兰地酒瓶等),割瓶子打磨光滑。在瓶子里装上吊灯头和灯泡,在原来的瓶盖上钻个孔,让电线穿过,拧上瓶盖。在瓶颈上套8厘米长的彩色塑料管。在瓶子中部贴上一圈金色的贴胶纸,就成了一盏美丽的吊灯了。

制洗发器

用塑料瓶可做一个齿形洗发器。将瓶子在其颈下面一点剪成两半,用剪刀修成锯齿形(锯齿尽可能地剪得尖一些)即可。

巧用废瓶盖

洁墙壁

将几只小瓶盖钉在小木板上,即成一个小铁刷,用它可刮去贴在墙壁上的纸张和鞋底上的泥土等,用途很广。

垫肥皂盒

将瓶盖垫在肥皂盒中,可使肥皂不与盒底的水接触,这样还能节省肥皂。

制洗衣板

将一些废药瓶上的盖子(如青霉素瓶上的橡皮盖子等)搜集起来,然后按纵横交错位置,一排排钉在一块长方形的木板上 (钉子必须钉在盖子的凹陷处),就成为一块很实用的搓衣板。因橡皮盖子有弹性,洗衣时衣服的磨损程度也比较轻。

护椅子的腿

在地板上搬动椅子时常会发出令人刺耳的响声。为避免这一点,可在椅子的腿上安上一个瓶盖(如青霉素瓶上的橡胶盖)作为缓冲物,这样既不会发出刺耳的声音,又可以保护椅子的腿。

护房门面

将废弃无用的橡皮盖子用胶水固定在房门的后面, 可防止门在开关时的碰撞,起到保护房门面的作用。

修通下水道的撅子

通下水道的撅子经过长时间使用后,木把就与橡胶脱离了。遇此,可找一个酒瓶铁盖,用螺钉将瓶盖固定在木把端部,然后再套上橡胶碗就可以免除掉把的现象。

止痒

夏天被蚊虫叮咬奇痒难忍,可将热水瓶盖子放在蚊子叮咬处摩擦2秒钟至3秒钟,然后拿掉,连续2次至3次,剧烈的瘙痒会立即消失,局部也不会出现红斑。瓶盖最好是取自90℃左右水温的热水瓶。

养花卉

取一只瓶盖放在花盆的出水孔处,既能使水流通,又能防止泥土流失。

过期牛奶的妙用

牛奶过保质期了,虽然没变质,可人们再喝起来心里就感到不踏实不放心。如果牛奶只是刚过期,还没有变质,可以用它来洗脸。埃及艳后用牛奶沐浴美容的例子不少人都知道,普通人家用过期牛奶洗洗脸应该也不算是奢侈吧。

如果过期牛奶已有少许沉淀,但气味并没有改变,则可以用它擦拭皮质家具,这样能使皮质家具恢复光亮,同时还能修复小的裂痕。

如果过期牛奶已结块并有了明显的酸腐味,我们就用它来浇花,牛奶中丰富的营养还可以在花盆中发挥一下余热,但要注意一次不要浇太多。为了避免不好的味道产生,可以在花土中挖一个小坑,把过期牛奶埋进去!

过期啤酒有妙用

一般来讲,过期啤酒起码有两大用处:

用处一:用过期啤酒洗头发。在用洗发精洗过头发后,在清水中加入过期啤酒,用它来浸泡和漂洗头发,啤酒中含有的大麦和啤酒花会给头发补充养分,并会令干后的头发富有光泽。

用处二:用过期啤酒洗真丝织物。真丝织物常会由于频繁洗涤或清洗不当造成颜色发乌发旧。把过期啤酒兑入冷水中浸泡已清洗干净的真丝衣物二十分钟,再捞出漂洗后晾干,原本鲜艳的色泽就会恢复本来面目。你不妨用这种方法来挽救一下已失宠的真丝衣物。

过期蜂蜜的再利用

过期的蜂蜜和蜂王浆自然是不可以继续再食用了,这时候可以再利用好,如用作美容、护发等。介绍几个小方法:

蜂蜜美容液

蜂蜜50克,一个鸡蛋清,搅拌均匀后放瓶中密封备用,使用时倒少许在手掌中,均匀涂于面部,待30分钟后用清水洗净,可以起到紧缩面部皮肤,增白皮肤的作用,可使用一周左右,夏季宜放入冰箱内保存。

蜂蜜面膜

蜂蜜一匙,甘油一匙,兑两匙水,充分搅匀即成面膜。使用时可将此面膜轻涂在脸和颈部, 形成薄膜,20~25分钟后小心地将面膜取掉即可, 每周1~2次,30~45天一个疗程,适用于普通、干燥性衰老皮肤。

蜂蜜美发素

用一匙蜂蜜与半杯牛奶混在一起,洗完头后用这种混合液在头上摩擦,过15分钟后洗净,头发会变得光亮。

光盘变废为宝

废旧光盘也不是一无是处,加以利用,马上变废为宝。如制作一个挂钟,制作步骤如下:

步骤一:取废旧光盘一张,在一面贴上一层黄色即时贴,再用蓝色即时贴剪出心形和星形的钟点标志,从光盘边缘按钟表常规顺序排列贴好,即成表盘。

步骤二:将表盘用双面胶贴在废旧挂历装饰板的中间位置,并从中间穿一孔备用。用黄色即时贴剪细边装饰挂历板的三条边,用白色即时贴剪若干小星星贴在挂历装饰板周围。

步骤三:用包装纸折成若干立体幸运星,用毛线串在废旧挂历装饰板的底边上。

步骤四:最后将钟表芯连同表针一起安装在表盘中间,在后面装上电池,挂于墙上,一个漂亮的光盘挂钟就完成了。

旧唱片旧磁带的利用

旧唱片的利用

已废旧的塑料唱片,可在炉上烤软,用手轻轻地捏成荷叶状,这样就成了一个别致的水果盘。也可以随心所欲地捏成各种样式,或用来盛装物品,或作摆设装饰,都别具特色。

废旧磁带的妙用

废旧磁带或低劣的磁带易损坏磁头,不能上机使用。但可用来给浅色的组合家具装潢表面。

粘贴步骤:

步骤一:在油漆组合家具的最后一遍漆快干时,将废磁带拉直粘贴即可。

步骤二:组合家具油漆后,用白胶涂于磁带无光泽的一面,然后拉直贴于组合家具上。

巧做过滤网

步骤一:把铁丝绕在一个圆筒上,筒的大小要与你家地漏的大小相同,铁丝多余的部分拧紧成麻花状,然后再把它竖起来,与圆环垂直,做成一个手柄。过滤网的支架就做好了。

步骤二:把旧丝袜套在铁丝圈上,再把多余的部分绕在手柄上,用胶带缠紧。防止丝袜松动影响过滤效果。一个实用的地漏过滤网就做好了。将其放在下水道口,就可以防止下水道堵塞,清洁起来也很方便(洗衣机的过滤网也非常容易损坏,如果固定过滤网的支架完好,我们就可以用旧丝袜来代替过滤网)。

香蕉皮巧利用

步骤一:用香蕉皮贴果肉的一侧在皮具上来回反复地擦,直到把香蕉皮内侧的绒状物质都磨光了,第一道工序就完成了。

步骤二:把香蕉皮擦过的皮包稍微晾一会儿,然后用纸巾或者是棉布把皮包清理一遍,这样处理过的皮具就重新焕发了光泽,像新的一样。

特别提示:一定要用新鲜的香蕉皮来擦皮具,剥下来放了一段时间已经变黑的香蕉皮就不适合做这个用途了(不光是皮包,皮夹子、皮大衣、皮沙发、皮手套、皮鞋均可)。

鞋底巧防滑

步骤一:剪下两条电工胶布,分别贴在鞋底的前端和鞋后跟处,修一修边缘,一只防滑拖鞋就完成了。

步骤二:另一只鞋也用相同的方法来处理。

一卷普通的电工胶布也就两块钱,但是却有效地保障了我们的安全,真的很不错!(平时穿的硬底鞋或鞋底被磨光滑的旧鞋,雨天换上防滑鞋也就放心地出门了)。

自制轻便熨衣板

步骤一:找一块大小合适的木板,用锡箔纸将木板包起来。

步骤二:用图钉将锡箔纸钉在木板上,一块自制熨衣板就做好了。

可以将衣服直接放在熨衣板上熨烫,非常方便(家里的炉灶容易溅上油,时间长就会长锈斑，可以用锡箔纸铺在灶台上加以保护。还有银饰物容易发黑，暂时不戴时可以用锡箔纸包好）。

易拉罐巧利用

步骤一：准备好你要做储物筒的硬质易拉罐，然后用尖嘴钳子把易拉罐上面的盖子撬掉。

把另外一个易拉罐也做同样处理。

步骤二：用裁纸刀把一个易拉罐沿下底边1/4处切开，切下的部分也就是储物罐的小盖子。

步骤三：把两端都切开的这个易拉罐切开的一端跟另外一个易拉罐开口插接起来，然后用透明胶带封缠几道。

步骤四：把切下来的盖子盖在储物筒上端，这样一个小储物筒就做好了（这个储物筒用处：毽子，跳棋，茶叶，厨房调料，零食）。

应急小围裙

步骤一：把塑料袋撑开。对折让两侧的提手重合，用剪刀把重合的提手的一边从塑料袋上剪下。

步骤二：再打开，塑料袋上就有了两根长长的带子。把两个袋子打结结在一起，围裙挂在脖子上的部分就出现了。

步骤三：把塑料袋侧面的折线处剪开，一直剪到底就可以了。这样，展开就成了一个小围裙。侧面宽出来的两条带子刚好可以系在腰上。如果没有大的塑料袋，也可以用两个小塑料袋，一个做上半身，一个做下半身。

旧报纸充当垃圾袋

用几张旧报纸就可以保持垃圾桶干净。

步骤一：准备旧报纸、橡皮筋，将报纸摊开，顶部折一折后，翻面。

步骤二：将垃圾桶倒放于报纸上，将报纸沿着垃圾桶卷起来，并将一端开口塞向另一端，以增加稳定性。

步骤三：用一条橡皮筋将报纸尾端绑起来，再将报纸往内塞即可。

只要别丢入太多汁液，或是尖锐的物品，这种环保垃圾袋用来丢纸屑、果皮、化妆棉等，都很不错。报纸还具有可吸水的优点，可以保持垃圾桶干燥，这样就不需再多浪费一个塑胶袋，多出的塑胶袋通通资源回收，这是废物利用的好方法。

烟灰可用来除垢

人们都知道肥皂有洗涤效果，殊不知烟灰也具有同样的功效，如果家中有喜欢抽烟的人，不妨废物利用一下，一举两得。

用菜瓜布沾上水，再沾上一点烟灰，在油腻的盘子上刷一刷。用清水清洗，即可使盘子洁白如新。

因为烟灰加水溶解后形成碱性溶液，有分解油污的效果，细小的烟灰颗粒增加摩擦力，更易清洗油污。同理，只要是烧过的草木灰，都有这种效果，如木炭灰。

附录

测测你是"败家子"还是"省钱罐"

测试一下你的花钱态度

一个人一生之中怎样赚钱有可能靠机会、能力等,但怎样花钱、会花多少钱,却可以从性格中观察出来。年轻的朋友们,你是否想知道自己一生中对于花钱持怎样的态度?希望你做了下面的测试后将会明白点什么。

在饭店吃饭,当摆在你面前的是一条鱼,鲜美甘醇,看得口水都快流出来了,赶快拿起筷子,先下手为强。可是,该从哪个地方开始夹呢?

A.鱼头   B.鱼腹(中间)

C.鱼尾   D.没有特定地方,到处乱夹

【测试结果】

选择A的朋友:

这类的你只要是自己看中的东西,不买到手是不会罢休的。平日里你虽然也有节省的习惯,但却仍会有大量采买的可能,不过这种情形发生的频率并不多,因为能让你看中的东西并不是很多。

选择B的朋友:

这类的你是百货公司各项商品大减价中最受欢迎的盲目购物者,尤其对吃的、穿的更是一点也不吝啬,只要喜欢就掏钱买,所以你很容易成为负债累累的可怜虫。

选择C的朋友:

这类的你是个标准的铁公鸡,即使买碗泡面也会考虑到底买碗装的呢,还是买袋装?你是个非常典型的节俭主义者。

选择D的朋友：

这类的你是那种时常忙到三更半夜却仍做不出什么事情的人。因为做事漫无目标，所以花钱的态度也很无所谓，因此你常把钱交给别人处理，自己不会乱花。

从刷牙方式透出你的金钱观

请问每次你是如何刷牙的？

A.慢慢仔细地刷。　　　　　　　B.快速地刷两三下就完了。

C.一边让水龙头开着一边刷牙。　D.只是漱漱口。

【测试结果】

选择A的朋友：

这类的你对金钱稍微有点敏感，在金钱问题上没有丝毫马虎，有时被别人认为是吝啬。

选择B的朋友：

这类的你不是挥霍无度，也不是一毛不拔，属于普通型。

选择C的朋友：

这类的你花钱时大手大脚，常常会感到入不敷出，建议你在花钱时做好计划。

选择D的朋友：

这类的你通常是口袋里有多少钱就用多少钱，且会前债未清又借贷。

测你的消费观

当你路过一家面包店的门口时，面包店里新鲜的面包刚刚出炉，香味四溢，以香味来判断，你觉得是哪种面包呢？

A.菠萝面包　　　　　　　　　　B.奶酥面包

C.牛角面包　　　　　　　　　　D.起司面包

【测试结果】

选择A的朋友：

你天生就是小气家族的忠实支持者，能不花自己的钱，就是最大的收获，是你一生追求的目标。

选择B的朋友：

你对于金钱的概念就像乱成一团的毛线，很难理出一个头绪来，理财对你来说简直是痛苦至极。自己有多少钱，你从来没搞清楚，反正只要今天口袋还有钱，管它明天会怎么样。

选择C的朋友：

当用则用，当省则省，你对于自己的经济状况蛮了解的。如何在每个月的支出和收入之间取得平衡，完全在你自己的把握。你对于理财也小有概念，有计划地花钱，让你的生活一直在平均水准之上。

选择D的朋友：

你是一个注重生活品质的人。在你的生活哲学之中，精神的满足会比金钱的付出来得重要，虽然不至于挥金如土，但确实不太在乎金钱的支出，一切花费的原则都是：开心就好。

测测你是"败家子"还是"存钱罐"

态度决定一切，你是"视金钱为粪土"的清高一族，还是"视金钱为生命"的守财奴，其实都决定着你财富的基本走向，看看你内心深处到底如何看待金钱，做完测试就知道你是"败家子"还是"存钱罐"。选择"是"或"否"，答案马上明了：

1.你有把购物当消遣的习惯吗？

A.有——2　　　　　　　　　　B.没有——3

2.你会做长期的保险投资吗？

A.会——3　　　　　　　　　　B.不会——4

3.你看到别人买彩票中了百万大奖后，自己有买彩票的冲动吗？

A.有——6　　　　　　　　　　B.没有——5

4.你对居住环境的要求是：

A.豪华时尚——5　　　　　　　　B.简单舒适——8

5.周末你愿意如何度过?

A.在家休息——7　　　　　　　　B.外出娱乐——6

6.你上班的地方距离工作单位有步行20分钟的路程,你会选择:

A.步行去上班——8　　　　　　　B.乘坐交通工具去上班——7

7.你购买电子产品会追求品牌吗?

A.会——11　　　　　　　　　　B.不一定——9

8.你会买一件半年内都不会用到的东西,只因为当时商场在做促销活动吗?

A.会——9　　　　　　　　　　　B.不会——10

9.如果你有一次带薪休息的两周假期,你会选择去哪里度假?

A.国内自助游——10　　　　　　　B.国外随团游——11

10.你会为十年后的计划存钱吗?

A.会——C型　　　　　　　　　　B.不会——A型

11.你乘坐出租车一般选择坐什么位置?

A.前排——A型　　　　　　　　　B.后排——B型

测试解析:

选择A型的人:"花钱无度的败家子"。这种人认为钱就是一张纸,只有消费了,换成商品才是实际的东西。你很难在金钱消费上克制自己。你追求享乐,不考虑后果,经常买一些华而不实的东西。浪费对你来说是习以为常的事情。别指望你存钱,败家子不负债累累就已经是一个奇迹了。

选择B型人:"开源节流的鬼精灵"。你对钱应该是"当用则用,当省则省"。你是位很有经济头脑的人,常能想出一些能让自己创业致富或别人所没注意到的赚钱方法。表面上看来也有购买奢侈品的时候,却懂得合理地规划自己的金钱。你对于金钱的运用很有计划,也极为理智,属于不追求虚荣的实用主义者。

选择C型人:"存钱罐式的守财奴"。你不舍得为自己或他人花钱消费,你会想尽一切办法攒钱,得意于自己银行账户上日益增多的尾数。你并没有特别的目的和计划,就是缺乏安全感,需要从增加的金钱数字中找到心里的安慰,钱对你来说,不是花的,是存在那里的成就感。

测试点拨:

除了B型的人是属于既会享受生活,又懂得打理钱财的人,其余两种人都需要学习一些小方法,改变对金钱的态度,更好地享受金钱带来的快乐,更理智地掌握生财之术:

A型人:手把手学会理财

①慎用信用卡,选择办一张1~5年期的零存整取银行卡,规定每个月存入自己收入的1/5,慢慢学会储蓄,年终的时候会享受到储蓄的成就感。

②记账:通过记账的方法,你就能知道自己每个月的钱到底都用到什么地方去了,什么是可花的,什么是可不花的。

③投资:根据自己的资金实力和知识水平选择买股票、买房或者艺术品投资等。

④交给信赖的人:如果是没成家的年轻人,自制力低,可以把闲钱交给父母帮自己打理,同时向有经验的长辈学习一些日常理财经验。

C型人:适当放松,也要享受

①花:适当消费,也要奖励自己,比如每个月固定给自己买一件衬衣或去餐厅吃好吃的,因为消费过程中也可以体验到钱的真正价值。只要前提不是过度消费或浪费。

②存:你不会不去存钱,但是切记不要把钱放在塑料袋里,埋在地下,那样,钱是会腐烂的,银行保险措施很好,不用担心被打劫。

③投资:光存钱,钱的价值是会随经济规律浮动的,不如选择一种适合你的方式让钱"生"钱,例如买保险、投资股票,或者,可以选择投资慈善事业,那样得到的精神回报往往比金钱本身更具有意义。

没钱的人想赚钱,有了钱的人想赚更多的钱,古代有一种法术叫"炼金术",据说精通此术的魔法师可以无中生有的变出黄灿灿的金子。我们在追求更多的金钱的时候,也会有想用法术的冲动,巴不得一夜之间就变成百万富翁,但是你有没有想过,就算是魔法师也是需要经过刻苦修炼很多年,才能习得"炼金术"。所以我们打理自己钱财的时候,还是需要学习和掌握一定的理财投资技巧的。

你最需要补哪方面的投资课

你所在的公司效益不好,你会选择怎样的方式来应对这场危机?

A.立马辞职走人　　　　　　　　　B.要求老板加薪

C.要求老板支付一半的薪水后走人　　D.继续干下去等待转机

【测试结果】

选择A的朋友:

你做事比较冲动但非常自信,总认为自己高人一等,所以你宁可自己干也不愿在一个没有前景的公司窝窝囊囊地当个小职员,但聪明的你常常忽略未雨绸缪,因此保险是你必须考虑的理财一课。你应该选择一个甚至几个适合你的险种以备不时之需。

选择B的朋友:

你是一个非常务实的人,善于审时度势,也善于衡量自己的利弊得失,该出手时就出手,因此对于你来说最好的投资莫过于股票了。相信自己的眼光和直觉,你一定能在股市中高人一筹。

选择C的朋友:

你再做任何事的时候都会前瞻后顾,因此你不会让自己蒙受任何损失,在做出重大决定的时候你会花长时间来考虑、抉择,因此你很适合投资房产等不动产。

选择D的朋友:

你的性格偏保守,也比较能够忍辱负重,对于任何风险你都不会去碰,但有时疲于防守反而不如主动出击,选择一个好的基金或债券,对你来说应该是个不错的决定。

测测你的金钱观如何

1.对于存钱和储蓄。你的观点是：

A.我知道我应该存点钱以备不时之需。但我有时还是会不自觉地炫耀。

B.我尝试着存钱,但可爱的溜冰鞋、新上市的小套装之类的东西经常会诱惑我打开钱包。

C.我太忙了,根本没时间去考虑存不存钱的事。

D.我经常担心存的钱不够多。

E.存钱是件好事,但更重要的是要用手上的钱赚到更多的钱。

2.一次好运不期而至,买彩票的时候你居然中了5万元的奖金。你的第一反应会是：

A.很可能会到经常去的商场把心仪已久的大件商品(比如数码摄像机、钻石项链)买回来。

B.我会拿出一部分存起来,余下的就用来好好享受享受。

C.等我有空的时候,我会拿去做投资。

D.帮我一把吧,我没办法对这笔钱做妥善处理。

E.如果我拿去买股票或债券,10年后会有相当可观的收益。

3.在核对你的记账本的时候。你经常会发现：

A.支出一栏里有很多条目。

B.在某些时段,我花得太多了,但有些时间维持在正常的水平。

C.我很少核对我的账本,因为没时间,但我尽力挤出时间去记账。

D.我总是小心翼翼,我有点担心其中很多数字有出入。

E.我总是仔细计算我的利润,检查赚了多少。

4.一般你处理不必要支出或计划外花费的方法是：

A.我把自己的信用卡刷到无钱可刷,这样就可以避免不必要支出了。

B.在储蓄前,我一般会留一点现金来应付这样的情况,但有时这笔钱往往被我买东西花掉了。

C.我一直在计划设立一个"浮动基金",但现在也没空开始实施。

D.我总会准备较多的钱来应付,但经常想："这点钱够不够啊？"

E.如果我突然需要现金周转,我会卖掉一部分股票。

5.你开始储蓄将来养老的钱了吗？

　　A.什么是养老的钱呢？我还年轻,不用太早考虑。

　　B.我已经开始了这个浩大的工程。但进展不大,常常是拆东墙补西墙,有时从每月储蓄里拿点出来存作养老金。

　　C.我一直想开始,但往往被其他事分心了,一直拖到现在还没有开始实施。

　　D.早开始了,我害怕到我65岁前还没有存够养老的钱。

　　E.没有,我觉得有更好的让我到年老时还有钱花的方法。

6.你认为钱就是:

　　A.用来买好东西的必要工具,快乐的源泉。

　　B.钱有两种用途,那就是"存"和"花"。

　　C.我觉得研究它很无聊,浪费时间。

　　D.带来压力的源泉。

　　E.可以赚更多钱的一个基本要素。

【测试结果】

选择A最多——吃光用光型

你觉得所穿、所戴、所用的东西是一种身份的象征,你狂热地喜欢逛街,喜欢挑选、购买和拥有新的东西。解决办法:即使你把逛街当作一种休闲的方式,记住,身上不要带任何现金,只留车钱就可以了。如果能把信用卡也放在家里,那就更好了,这样你就不能买东西了。记住,一个星期存10元(只是少买一点点东西),你一年就有520元的存款了。

选择B最多——进退两难型

你的情况有些不太稳定,你常常买完东西就后悔,紧接着又三分钟热度地存钱。你知道应该存点钱,可一旦一条新裙子吸引了你的眼球,你马上就会动用你的存款了。解决办法:你需要避免接触到现金,最好是拿出薪水的10%以上去投资;或者制定规范的储蓄计划,然后雷打不动地去执行。

选择C最多——无头苍蝇型

你每天的生活如此忙碌。所以你没时间细心关注你的个人"财务"问题。你常常收到很多催账单,你的收支一般比较混乱。解决办法:可以聘请专业理财师帮助你管理你的经济账。

选择D最多——有心没胆型

你被烦琐的细小账目吓怕了,你从不真正喜欢存钱。解决办法:多读一点理财方面的书,或者参加一个投资训练班。由你来决定要存多少钱,买一些合适的股票,你就不会对管理自己的财产这样不自信了。

选择E最多——狂热财迷型

你存钱是因为十分希望能够实现存款的升值潜能。你对"钱生钱"的能力太乐观了。解决办法:你总是对你的存款有太多的计划,而且得到回报的周期可能会很长。最好和专业理财师谈谈,让他了解你的财务状况,再根据你愿意承受的风险提出相应的方案。

购物地点,看清你的财路

平日里,你最常到哪里去购物?

A.百货公司   B.先看广告,再决定买不买

C.精品小店   D.随便乱逛

E.位于河边或风景区的商业街 F.网上购物

G.品牌专卖店

【测试结果】

选择A的朋友:

这类的你已经学的很会理财了,也许不必贪图过度的奢侈就能过得很舒适。不过如果你常对钱有过高欲望又贪图物质享受,即使理财手法很好也会过得很辛苦很矛盾。不妨学学更专业的理财能力,或是在家庭财政上实行AA制。

选择B的朋友:

这类的你天性对理财懒惰,而很多理财方法又相当复杂,这种矛盾决定了你只能适当采用一些保守的理财方法,对风险投资需要保持谨慎。

选择C的朋友:

这类的你品位很高,经常发生不理智消费,就算赚很多钱,也可能是"月光女神"。你事业上要开源,生活上更要节流。最好找一份紧张而忙碌的工作,让你没有时间去想怎么花钱。你适合与一个"小气"的人结婚,帮助自己守财。

选择D的朋友:

这类的你不太喜欢购物,浪漫随性,同时不喜欢为钱而烦恼。没什么系统的物质概念,或者可能是不知道如何选择适合自己的财富之道。只要你懂得人

生的选择,找到收入不错的工作,也可以无忧无虑地生活。不过,最好还是咨询一下专业人士,找到属于自己的理财窍门。

选择E的朋友:

这类的你很了解自己的需要,只要自己需要的东西,生活轻松自在。情感上要小心,不要找一个爱挥霍又贪财的人结婚。

选择F的朋友:

这类的你喜欢讨价还价,生活中有很多新观念、新思想,通常赚钱的欲望很大,机会也不少,但经常会出现购物欲望,难以控制,花费很大。你的理财观大体上属于冲动型,所以不妨多交些理智的朋友,为自己降降火,同时经常提醒自己:冲动是魔鬼。特别要谨慎处理自己的感情,你很可能会为感情花费颇多。

选择G的朋友:

这类的你只青睐两三种著名品牌,既能节省购物时间和精力,又能保证品位和质量。你认真而充满效率。有很好的性格特征和潜质,但心思却很少放在理财上,你有理财天分只是没有好好珍惜。不妨从点滴开始学习,如能够保住成本的基金等。只要把心思转过来,你就会得心应手,进展迅速。

测一测你是一位理财高手吗

每次家里要进行大扫除时,你会先丢掉哪类物品?

A.旧衣服   B.体积过大的老电器

C.零零碎碎的小东西   D.过期的旧书杂志

【测试结果】

选择A的朋友:

这类的你赚钱的能力很强,可惜你的花钱能力更强。

选择B的朋友:

这类的你理财观念是冲动型的,经常买些用不着的装饰品等,你又不善于另开财源,你需要一个善于管账的人帮助你。

选择C的朋友:

这类的你买东西至少考虑三次以上,但是在朋友面前又装作很海派的样子,你其实是个开源和节流都并重的理财大师。

选择D的朋友:

这类的你从不乱花钱。美中不足的是,你较少思考开源的方法。

测测你属于哪种投资类型

很多人对于理财很感兴趣,但是理财和每个人的性格有关,你想知道自己是什么性格,适合进行哪种投资类型吗? 做一下这个测试就可以得到答案。

1.您的投资目的是什么?

  A.度假/购买新车(0分)   B.置业首期(0分)

  C.子女的教育费(1分)   D.退休储蓄/收入(10分)

  E.给家属留下产业(10分)

2.您大约会在多少年后退休?

  A.已退休(0分)   B.5~7年(0分)

  C.8年至10年(2分)   D.1年至14年(8分)

  E.15年以上(10分)

3.未来五年内,您打算从此项投资计划内提取多少资金?

  A.少于30%(加分)   B.31%~50%(16分)

  C.51%~70%(8分)   D.多于70%(0分)

4.您大约会持有这项投资计划多少年,才有可能动用其中的大部分资金?

  A.5年内(0分)   B.5年~10年(0分)

  C.11年~19年(18分)   D.20年以上(30分)

5.您能否接受高风险的投资以争取更高的回报?

  A.可以接受(30分)   B.容易接受(24分)

  C.基本接受(18分)   D.不太接受(12分)

  E.绝对不能接受(6分)

6."我并不在乎投资价值的每日浮动"您同意这个说法吗?

  A.非常同意(10分)   B.同意(8分)

  C.基本同意(6分)   D.不太同意(4分)

E.绝不同意(2分)

7."投资亏损只是短期现象,只要继续持有终可收复失地。"您同意这句吗?

　　A.非常同意(20分)　　　　　　　B.可以接受(16分)

　　C.倾向同意(12分)　　　　　　　D.倾向不同意(8分)

　　E.绝不同意(4分)

8.若市价忽然下跌,您是否仍会继续持有该投资项目?

　　A.肯定会(10分)　　　　　　　　B.极有可能会(8分)

　　C.不肯定(6分)　　　　　　　　　D.极有可能不会(4分)

　　E.绝对不会(2分)

9.以下各项反映不同的投资取向,哪一项最能代表您目前的情况?

　　A.我希望开展比较稳健的投资,得到固定利息及股息回报而且风险较
　　　低。(4分)

　　B.我希望投资组合既有固定利息及股利收入又可增长,两者平衡。
　　　(10分)

　　C.我希望从投资组合中获得某些利息收入,但以增长为主。(16分)

　　D.我进行投资只求长线增长。(20分)

10.您现在的年龄是:

　　A.35岁以下(加分)　　　　　　　B.35岁~44岁(20分)

　　C.45岁~54岁(12分)　　　　　　D.55岁~64岁(4分)

　　E.65岁以上(0分)

11.您家庭的全年总收入是:

　　A.30000元以下(2分)　　　　　　B.30000元~60000元(4分)

　　C.61000元~90000元(6分)　　　D.91000元~120000元(8分)

　　E.超过120000元(10分)

12.您对于自己将来的收入是否有安全感?

　　A.绝对有安全感(10分)　　　　　B.颇有安全感(8分)

　　C.不肯定(6分)　　　　　　　　　D.不大有安全感(0分)

　　E.绝对没有安全感(0分)

13.做投资的原因是否为了降低个人所得税?

　　A.绝对不是(2分)　　　　　　　　B.基本没考虑这种情况(4分)

    C.有一小部分原因(6分)　　　　　　　D.是主要考虑因素(8分)

    E.投资的最重要原因(10分)

累计出你的总得分,看你属于哪种投资性格?

【测试结果】

分值在161分以上为进取型;

分值在141分~160分为自信型;

分值在126分~140分为平衡型;

分值在96分~125分为温和型;

分值在95分或以下为保守型。